大是文化 あの人にイライラするのは、部屋のせい。

我這麼生氣，全是因為他把家弄亂

活用心理學的32個簡易收納技巧，讓不整理、不會整理的另一半和小孩，自己動手。

東大經濟系畢業、
日本整理收納一級顧問
米田瑪麗娜——著
MARINA KOMEDA

黃筱涵——譯

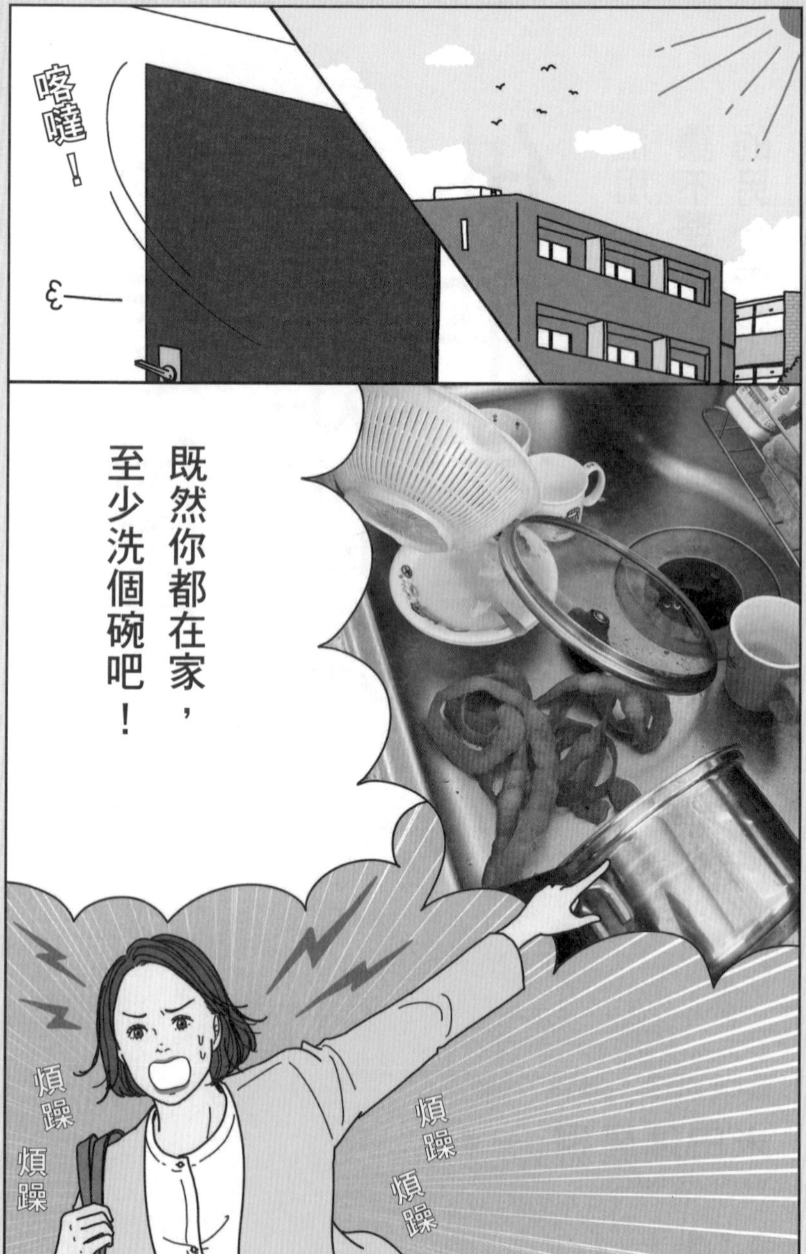
喀噠！
既然你都在家，
至少洗個碗吧！
煩躁
煩躁
煩躁
煩躁

火大
暴躁
暴躁
我正打算收好不好！
妳衣服脫下來以後，
不也都隨便丟！

要我說幾次你才懂啊！
煩死了！我受不了妳了，我們離婚吧！

什麼？是誰在說話？
請等一下！

我能安撫你們的煩躁與不悅。
我是整理收納顧問。
閃亮
整理收納顧問
米田瑪麗娜
（MARINA KOMEDA）
收納顧問？
臉紅
話說妳什麼時候來的？
只要下點工夫，就能夠改善婚姻關係。
真的非常簡單！

一切流程化

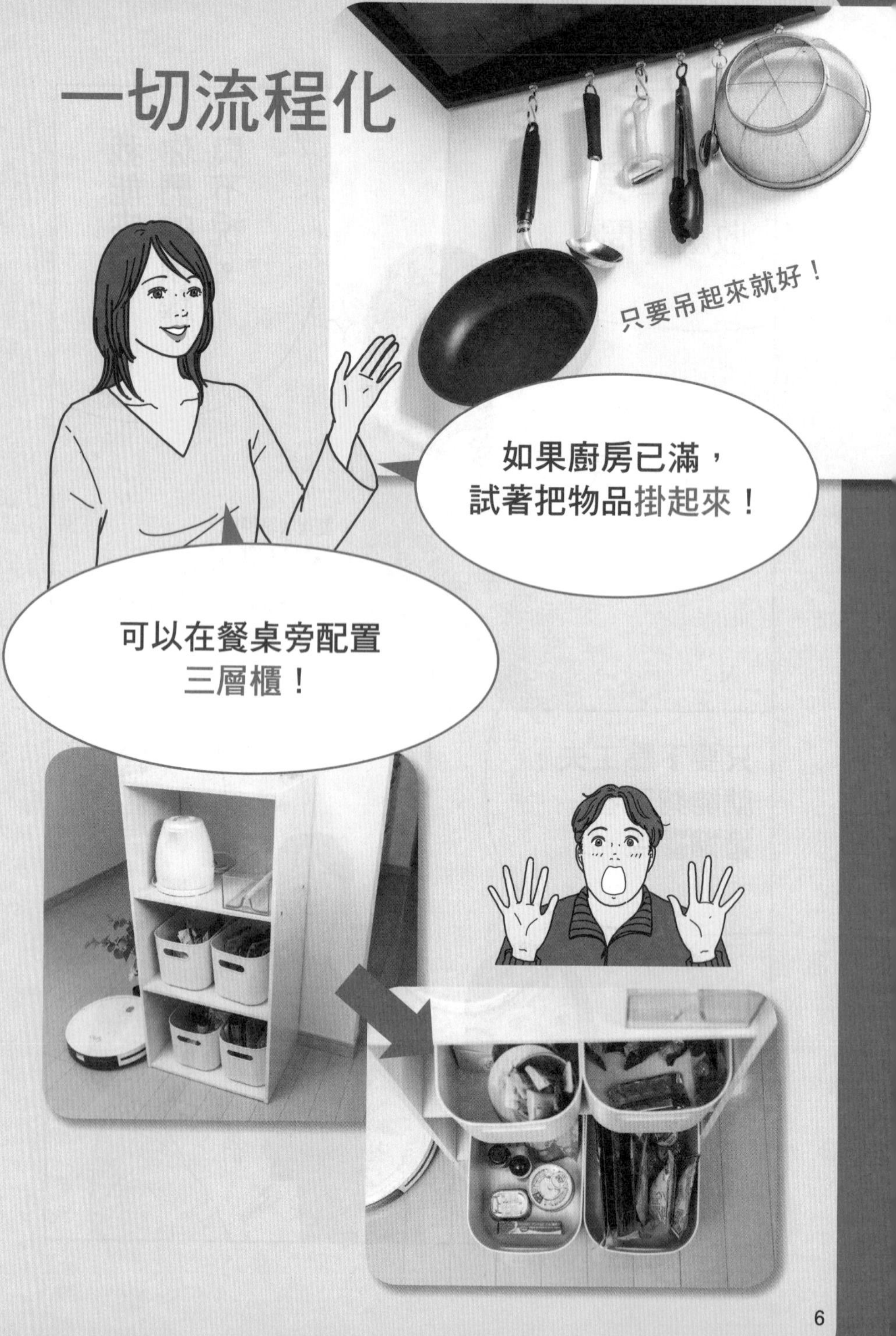
只要吊起來就好！
如果廚房已滿，
試著把物品掛起來！
可以在餐桌旁配置
三層櫃！

一個動作就搞定

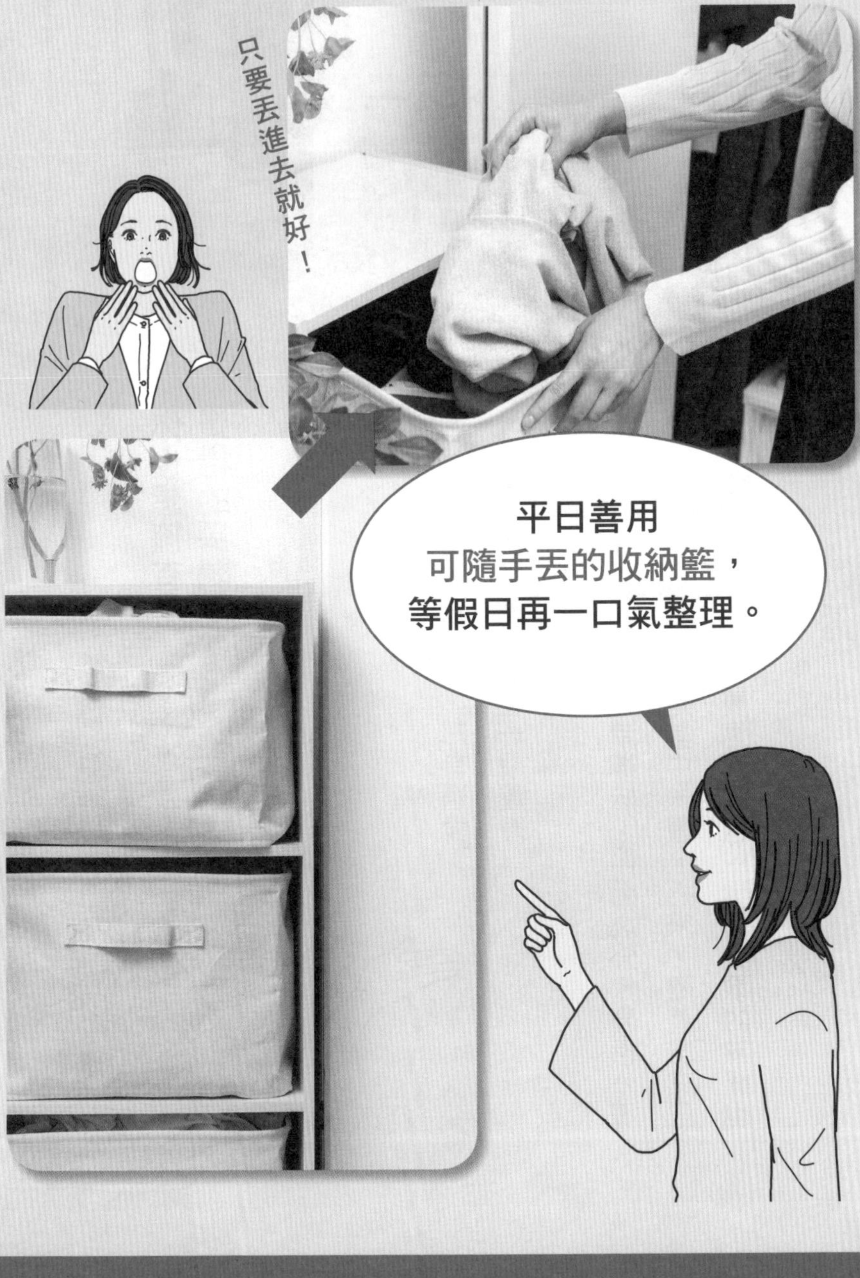
只要丟進去就好！
平日善用
可隨手丟的收納籃，
等假日再一口氣整理。

人的一生中，都有過與自己以外的人同住一個屋簷下的經驗。

除了父母、兄弟姊妹、伴侶之外，分租公寓或共享辦公室也是其中一種。近來，隨著居家工作的人增加，夫妻倆都在家中處理公事的時間也變多了。

別說了，如此一來就能繼續在一起了。
剛才真抱歉，一起努力吧。

人們共處一室時，勢必會產生矛盾，容易對「亂丟東西」、「買太多雜物」、「不打掃」等產生不滿。也就是說，想和那個人共度最美好的時光，就要先從打造最棒的空間做起。

畢竟有緣同住，還是希望能微笑以對。不須額外花錢，也不必努力改變自己，只要下點工夫，就能改善緊繃的人際關係，相信大家都會想試一試。

Contents

第2章

第3章

第4章 客廳大改革，居家也能上班上課！ 151

第5章

第6章

推薦序

把家整理好，關係一定會更好

收納達人／廖心筠

到府收納十二年，最常遇到的問題就是夫妻倆為了整理和收納，吵得不可開交。

太太抱怨：「我老公很念舊，舊課本、舊電腦，甚至國中時戴過的手錶都要留！根本不知道堆這些物品有什麼意義？」

先生則皺起眉頭道：「妳不也一樣，一直買衣服、鞋子、包包，以及小孩的東西，買到家裡都快沒地方可以走了！」

其實，兩個人都希望家裡乾淨整齊，但弄錯了方法。一再挑對方的毛病，不但無法得到想要的結果，更讓雙方生氣。最終，先生變本加厲為了留而留，太太報復性購買，讓整理一事變得更膠著。

我遇過很多對夫妻，因為看另一半的東西不順眼，所以趁對方不注意時偷偷丟掉。無論是老公偷扔了老婆穿不下的名牌衣物，或是妻子把丈夫的公仔和電玩丟掉，都是很不尊重對方的做法。

對此，本書作者教我們一個非常聰明的方法：「當看到對方的東西亂扔，感到心浮氣躁時，不要急著清理，反而要去儲藏室整理自己埋藏在深處的物品。」把眼光從「責怪他人的物品」，轉移到「反思自己的物品」，進而以更理性的態度面對另一半。

在這本書裡，我們可以學習到，如果想藉由整頓來改變家人間的關係，就要認知到每個人的整理習慣和能力不同，不能將自身標準套用在他人身上。

本書解開了我很多疑惑，我們一直認為，另一半不整理是由於懶惰或是真的不會整理，但事實上，這跟原生家庭有關。若爸爸從不做家事，兒子從小覺得家事都是媽媽在做，長大後自然而然會仿效父親的行為。

作者提出很多有效的解決方法，例如：可以訂下時間一起整理，或是把空間分成專屬區域和共用區域等，如果另一半很愛把物品擺放在公共空間，可以直接放到他的私人空間，便能讓他產生馬上想清理的念頭。

這些方法能有效區隔出夫妻的個人空間，甚至重新建立起不同的秩序感，所有人都能好好維持家的整潔。

作者在書中列舉許多日常生活實例，教大家如何整理，不管是衣服、空間，或是親子收納……將每一個面向清楚說明、簡單易懂，讓人宛如身歷其境。下次遇到同樣的問題時，翻閱這本書，必定可以迎刃而解。

家，並非一人所有，不能只靠某個人努力維持，而是需要全家人一起維護，這樣一來，才能讓家更有秩序、更舒服。書中的內容非常扎實，推薦給因整理而和家人鬧得不愉快的你。你會發現，整理物品，同時也在整理自己的思緒，把家整理好了，關係也就變得更好了。

前言
家務流程化，順手丟就變乾淨

「說了那麼多遍，衣服脫下來還是亂丟。」

「老是買那些沒用的東西，讓家裡亂糟糟的……。」

「都只有我在整理。」

各位是否對同住的伴侶或家人，抱有這樣的心情呢？如果你（或是對方）覺得整理很煩，會想帶著煩躁心情過一輩子嗎？或者想繼續造成另一半或家人的困擾嗎？

我必須先告訴各位一件重要的事。

人們不僅在物品價值觀上都不同，而收納方式和習慣也會隨著家庭環

境產生極大差異。

怎樣才算理想的空間狀態？希望多久整理一次？如果不試著和同住人磨合價值觀，只是參考雜誌或社群網站上的資訊，即使短時間內維持了居家環境整潔，幾天後很可能變得更亂。

近來，甚至有聯誼指南提出：「請找到整理與收納價值觀契合的結婚對象。」遺憾的是，價值觀差異是無法修正的。

然而，透過「整理」，卻能化解人際衝突，且不需要耗費心力去改善價值觀的差異。

本書將針對不擅長整理的人及其同住者，具體提出容易產生的空間煩惱，並協助解決這些課題。

八成收納困擾源於家人與伴侶

抱歉這麼晚才自我介紹，我平常從事不動產行業中的都市開發工作，週末則會化身整理收納顧問。

我曾在收納公司從事數據分析，接觸過數十萬人的持有物品與住宅相關資訊。也親自造訪有「因工作忙碌而沒時間整理」、「很念舊所以捨不得丟東西」、「在家工作時沒辦法專注」等困擾的客戶家中，透過這些經驗，我打造出整理指南。

其中有件事令我格外在意——對收納感到困擾的人，通常是與家人、伴侶或某人同住，而非獨居。促使他們感到煩惱的不僅有自己的物品，還有不滿家人、伴侶不會幫忙整理。

如前面所述，人們對於收納的概念，會隨著成長的家庭環境產生差異。因此，想要與價值觀不同的另一半，一起打造出彼此都舒適的家，並避免關係發生齟齬是有訣竅的。

不過，在提出方法前須了解兩大關鍵。第一，**整理不是精神論，而是機械性的技術**。

也就是說，把整理「流程化」，透過正確的整理與收納步驟，即使是不擅長整頓的人，也能將房間收拾乾淨，更不必擔心事後發懶變得更亂。

此外，這也有助於簡化後續的家事程序（麻煩程度），同住者的自我肯定感也會隨著流暢的空間整頓而有所提升。

另一個關鍵是**溝通的重要性**。

一個人住時，只要自己想，家裡自然就會變得整潔。但是，只要與另一半、父母或孩子等「某個人」同住一個屋簷下，就必須想辦法磨合。若是無法透過溝通一起維持這個家，便無法獲得理想環境。

這時的重點在於對話。

所謂整理，並非買來方便的收納用品，或是試圖改變同住者的價值觀。掌握理想環境的關鍵是，戰略性溝通。請各位以本書介紹的訣竅為基礎，習得化為行動力的有效表達方式，藉此打動同住者的心。

與伴侶或家人溝通時，不要訴諸情感，而是試著多發揮行動巧思，如此一來，便能與價值觀不同的對方越走越近。

另外，將整理化身成「家庭活動」，並賦予其樂趣，也會為日常生活與人際關係大大加分。

打造全員滿意的理想居所

本書依照數據，分析人們在整理方面的困擾，並提出相關解決方案。我透過數據分析，至今接觸了數十萬名消費者的行為，並做了約千人參與的獨家問卷調查，因此得以用「數字」呈現家庭內的煩惱來源。

不僅如此，**我在大學與研究所時，就一直研究組織論、心理學與行為經濟學**，書中所提出的解決方案均是運用這些理論，幫助人們從根本解決困擾。

本書的最終目標並不只是打造夫妻或家庭得以放鬆的空間，還要幫助所有成員都能擁有符合各自理想的住宅或房間。

人們至今追求的，都是在職場或學校等家以外的地方取得好成績。

但隨著居家工作與線上授課增加，相信應該有不少人幾乎一整天都待在家中。**家已經不再只是休息用，而是必須追求自我實現。**

整理沒有正確答案，居住空間應有什麼模樣也沒有正確解答。既然與事物價值觀、收納觀念不同的家庭成員一起同住，就不要互相挑剔，而是要合力營造出舒適的居住環境。並透過整頓空間，實現各自的理想。若是本書能助各位一臂之力，我將深感榮幸。

這裡我要再鄭重聲明，如果想要讓全體家庭成員都朝著目標邁進，且盡快創造出有助於自我實現的歸屬，就必須徹底放下過去的爭執以及對他人住宅的憧憬，如此一來，才能以最短捷徑，獲得實現夢想的清爽之家。

別擔心，一定會順利的。

只要這樣就OK！

基本整理流程

1 全部拿出來

2 按照使用頻率分類

3 決定好固定位置

4 用完後馬上放回去

每天
使用
越常用的就要放越近
一個地方只要30分鐘就能收拾乾淨！

第 1 章

「不就是整理嘛」這話是大忌！

01

另一半擺爛，看了就心煩

常見度 ★★★　立即實現度 ★★★

她老是叫我快點整理，實在很煩，
我本來就打算行動了！

不管對他說什麼都沒用，
我到底為何要結婚啊……。

解決方法

幫助對方認清收納的重要性。

家中雜物過多會導致婚姻危機

夫妻、親子吵架，往往源自於雜物。一下子就進入這麼嚴重的話題，或許嚇到各位了。

事實上，夫妻、親子間產生糾紛，常與整理有關。根據 Sumally Inc. 的「夫妻間雜物爭執意識調查」發現，有七成的夫妻曾因雜物問題吵過架（參照左頁圖表 1-1）。[1]（全書標記 [ ]，為參考文獻的對照記號）

爭執的起因大都有對方雜物過多、另一半隨便丟掉自己的東西等細微小事，有一半的夫妻後悔結婚，甚至每三人就有一人演變成離婚危機。

有個心理學名詞叫做「自利性偏差」（self-serving bias）。[2] 簡單來說，就是將成功視為自己的功勞，卻不願意承擔失敗的責任。換句話說，人們會依照自己的想像，隨意解讀資訊。

如果將這個心理機制套用在家庭生活中，可能會出現「這個家能順利運作，全是我的功勞」、「無法順利運作都是因為家人或環境害的」等想法。

無論是丈夫或妻子、雙親還是孩子，過度放大自己對家庭的貢獻時，很容易因小事而對整個家庭環境感到不滿，例如：「這個家會變髒是那個人害的」、「我無法專心做作業，都是因為家裡太亂」。

未能好好整頓家裡或是雜物，足以引發離婚危機，原因在於雙方都以對自己有利的方式解讀自身的行為，不順利的部分全怪罪給另一半或環境。如果想要擺脫這樣的狀態，必須先建立不會怪罪家人或環境的機制。

圖表1-1　家中雜物多會造成夫妻吵架

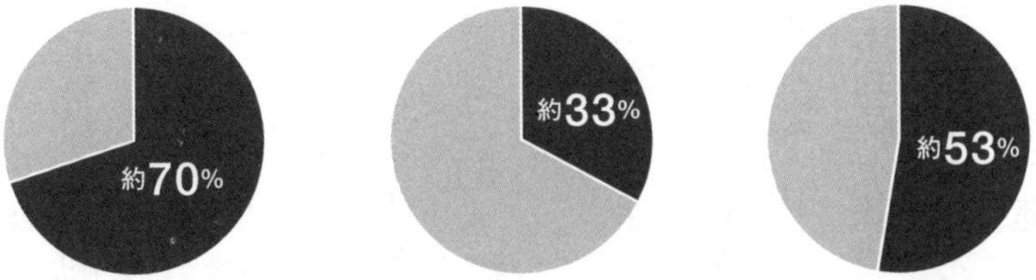

曾因雜物吵架的夫妻。

曾因雜物吵架後，腦中浮現離婚念頭的夫妻。

曾因雜物吵架後，後悔結婚的夫妻。

資料來源：「夫妻間雜物爭執意識調查」Sumally Inc.。

家庭環境不只會影響到你，還會決定整個家庭成員的思維與言行。想要維持良好的夫妻或家庭關係，也必須幫助家人了解注重整理環境的重要性。

「不就是整理嘛」，這話是大忌

「如果說出『不就是整理嘛！』會造成爭執，那我稍微忍讓不就得了，睜一隻眼閉一隻眼不要多說什麼。」會產生這樣想法的人，太過於輕視收納的效果。

根據NHK放送文化研究所的〈二〇一五年日本國民生活時間調查報告書〉可以得知，上班族平均每天在家時間為十五小時。即使睡眠時間占七小時，一天也有九小時會持續接收自宅景色的視覺刺激。[3]

工作、學習、家事、用餐、休息等，從早上起床到晚上就寢，擺放在家中各處的雜物都是潛在因素，會不斷映入眼簾。即使本人並未意識到這一點，每天細小的視覺壓力，其實會對腦部造成莫大刺激，進而降低家庭生活滿意度。這對居家工作者與家庭主婦的影響更是嚴重，所以請務必計算看看自己與家人會花多少時間待在家中。

此外，將這份資料拿出來與家人討論，可以幫助對方意識到收納的重要性。趁著內心尚未累積過多不悅，並釀成悲劇之前，盡早屏除「區區整理」的想法吧。

POINT!

計算待在家中的時間，以數據展現事實。

你一天會在這裡待上十個小時以上！
這裡放這麼多雜物你也覺得不舒服吧？

02

砸大錢裝潢，結果很俗氣

常見度 ★★　　立即實現度 ★★

妳是不是買太多東西了？
這樣反而讓家裡亂七八糟的。

都是因為你總是亂丟，
我根本不敢約朋友來家裡玩！

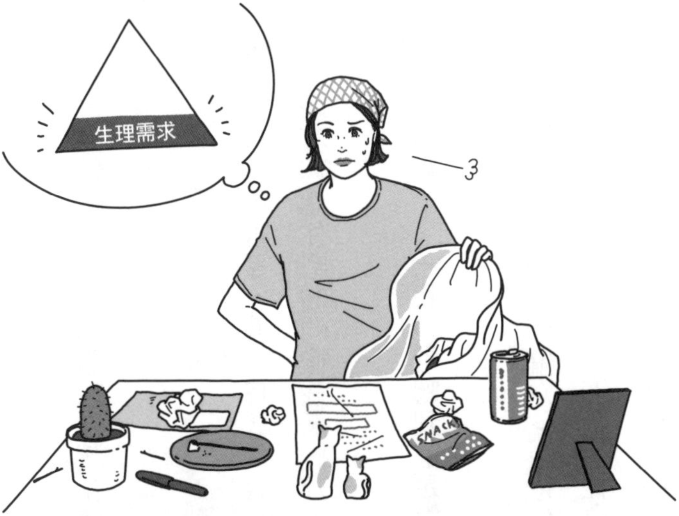

解決方法

保留足夠的用餐、
睡眠與打扮的空間。

你滿意目前的居家環境嗎？

都是因為家人亂丟，才導致家裡一直雜亂無章。明明想生活在時髦的家，實際上卻充滿雜物，看起來相當俗氣。

內心充斥這類情緒的人，或許已經陷入裝潢至上主義。

在這個能透過雜誌、社群媒體或雜貨選物店等，獲得時髦生活的資訊時代，可以說是「裝潢戰國時代」。隨著理想住宅的門檻逐漸提升，人們總是對亂七八糟的自家感到幻滅。

「如果只有我一個人，就可以自由布置了。」我經常聽到這類對於家人的存在感到厭煩的聲音。

對自宅感到不滿時，可以套用馬斯洛需求層次理論（A Theory of Human Motivation）。[4]這個理論將人類需求分成生理、安全、社會、尊重、自我實現，並認為人們會由下至上得到滿足（參照左頁圖表1-2）。

請試著將這五階段需求套用在自家狀況中。

圖表1-2　馬斯洛需求層次理論

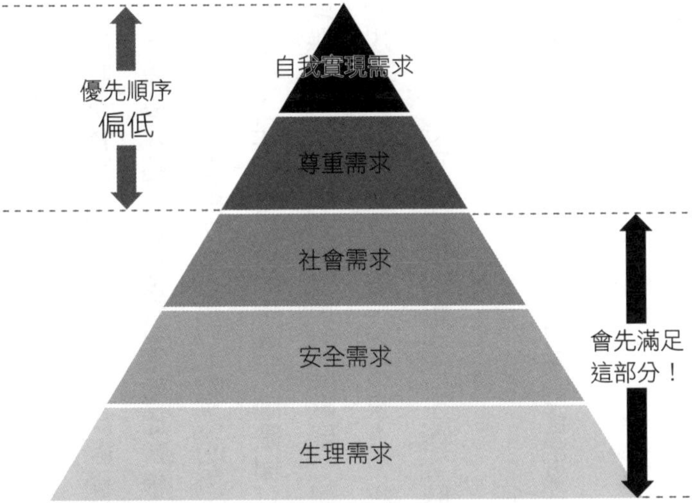

如果將這個心理機制套用在自宅環境……

自我實現需求 能否喜愛自己的家，並且感到驕傲？
尊重需求 能否獲得訪客的稱讚？
社會需求 能否順利展開居家工作、居家學習等？能否與家人歡聚？
安全需求 發生地震時，是否會被雜物壓到？或是因此跌倒受傷？
生理需求 是否有足夠的睡眠、用餐與打扮空間？

各位的住家現在能滿足自己與家人到什麼程度？

我發現，嚮往把家裡改造成「能約朋友來家裡開趴」、「希望在北歐風格的客廳喝茶休息」等的人，多半試圖滿足尊重需求或自我實現需求。

但是，**拿高規格的目標與自宅做比較根本是天大錯誤！**無論把住家裝潢得多麼漂亮，只要無法滿足前三階段的需求，就無法帶來安心的生活。

各位家中，是否有足夠的用餐、睡眠與打扮空間？地震發生時，會不會被家具或雜物壓住？是否能實現家庭歡聚、居家工作及居家學習等功能？

請先思考上述問題。接著，再與家人一起確認符合這三個需求的住宅是什麼模樣。當家庭成員之間的需求產生衝突時，煩躁感可能也會隨之提高。

POINT!

和家人一起確認，目前的住宅滿足哪些馬斯洛需求層次理論。

對我來說，理想的家就是能與家人一起放鬆，白天能居家工作的地方。

這樣啊，考量到地震時的人身安全，先撤掉架子上的家飾吧！

03

明明待在自家客廳，卻無法放鬆

常見度 ★★★　立即實現度 ★★

電動真好玩。

你們還沒收拾好玩具吧？脫下來的衣服也還丟在地上！打電動之前先收好！

解決方法

與客廳無關的東西，就不要拿進來。

每人基本居住面積是十一坪

那麼，什麼樣的空間能夠滿足生理需求、安全需求與社會需求？

日本國土交通省（按：相當於臺灣的交通部）公布的二〇二一年居家生活基本計畫中，制定了基本居住面積水準，也就是說，住宅空間至少要達到某個水準，才能實現豐富的居家生活。

對都市居民來說，以一個人為例，充足的生活面積是十一坪，一般居民則為十五坪。以住在東京市區的四人家庭而言，二十九．五坪是較理想的面積。[5]

各位的家是否確保了每人約六至七．五坪的空間？請參考第四十四頁圖表1-3，掌握理想的居住面積吧。

用收納籃取代架上的時髦家飾

即使住宅面積充足，若遭雜物與家具剝奪大量空間，就稱不上安全、舒適。此外，相較於在客廳擺滿高級設備，鋪上可供全家人放鬆休息的地毯，更能直接滿足生理需求（參照第三十七頁）。

我因工作曾多次前往雜誌或型錄等的居家場景拍攝現場，所以知道**上相的空間未必好用**。

家飾能在既好用又整齊的空間派上用場，這是已經完全整頓好環境的人，才能享有的樂趣。

以前述的馬斯洛需求層次理論來說，就是尊重需求（想被朋友稱讚）與自我實現需求（對住在時髦住宅的自己感到驕傲）階段。在這之前必須先滿足最基本的前三大需求才行。

蒙塵的時髦裝飾架上，若同時擺滿了隨便亂放的文件或日用品，那還不如拆掉，改放收納籃，既實用又好看。

圖表1-3　何謂理想的居住面積

● **都市居民理想居住面積**

1 人×20㎡＋15㎡＝35㎡（約 11 坪）

2 人×20㎡＋15㎡＝55㎡（約 17 坪）

3 人×20㎡＋15㎡＝75㎡（約 23 坪）

4 人×20㎡＋15㎡＝95㎡（約 29.5 坪）

〔以三人家庭為例〕23 坪通常是 2LDK（按：日本地產術語，簡單來說就是 Living Room（客廳）、Dinning Room（餐廳）和 Kitchen（廚房）的英文首字母縮寫）或 3LDK。

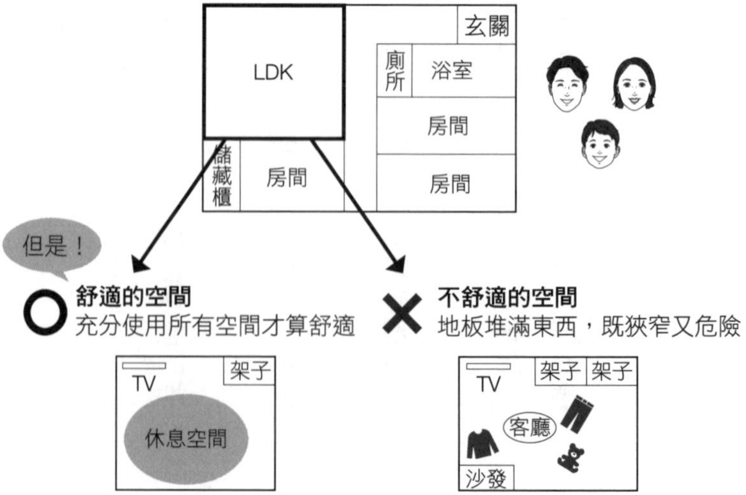

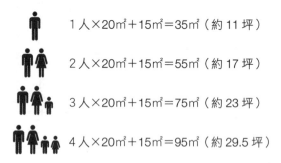

圖表1-4　收納比裝潢更重要

● **以客廳為例**

× 電視附近沒有
收納空間

○ 不用起身就可
以拿取與放回

● **以餐廳為例**

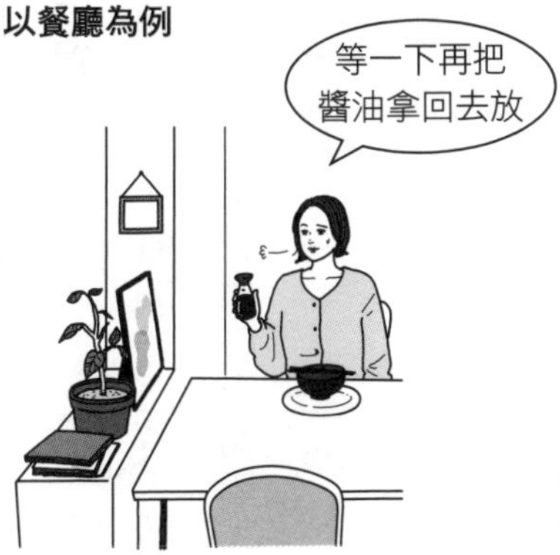

× 餐桌旁沒有調
味料收納盒

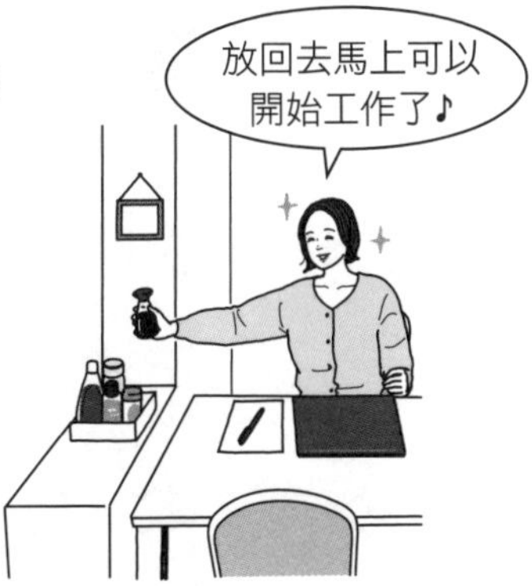

○ 在餐桌邊放置
調味料收納盒

美觀性勝於實用性的家具或雜貨，若占據了家中隨處可見、隨手可及的黃金區域，就會失去適合擺放日常用品的位置。

家裡到處都擺滿家飾，或許是讓家裡看起來俗氣的原因。這時，請試著將擺飾放進箱子收起來，並先滿足居家工作與全家團聚等社會需求。在這之前，就讓它們先退場吧（參照上頁圖表1-4）！

POINT!

將占空間的雜物先收起來。

沒辦法在客廳放鬆、休息太可惜了。先收起花瓶和相框，以優化動線為優先吧。

04

家中亂七八糟，另一半卻當沒看到

常見度 ★★★　立即實現度 ★★★

我不是叫你襪子脫下來以後
不要亂丟嗎？

抱歉，今天實在太累了（唸我的時
間都可以順手丟進洗衣機了）。

解決方法

不擅長整理的人，
就負責在假日吸地板。

彼此的整理習慣與能力，一定有落差

另一半太邋遢，家裡亂七八糟仍毫不在意。結果總是自己先受不了動手整理，實在是太不公平了！

但很遺憾的，光是嘮叨對方，一輩子都無法填平這份代溝，因為每個人對雜亂的容忍程度有很大差異。

東京大學研究所新領域創成科學研究系，要求受試者輪流進入某空間，並慢慢增加住宅中的雜物，藉此檢視人們會在哪個程度感受到壓力。從受試者的反應來看，發現壓力升高的臨界值因人而異。其中，有部分的人即使身處在散亂的空間中，竟比在空無一物的地方更自在。[6] 原因在於

整理能力會受到家庭環境的影響。

目白大學研究所心理系調查顯示，童年時對於自己同性別的父母是如何面對打掃一事，以及給予孩子什麼樣的收納指導……都會影響到孩子看待整理的方式。[7]

關鍵在於「同性別的父母」，即使某位男性來自一塵不染的家庭，如果清掃事宜都僅由母親負責，而父親什麼都沒做，那麼這位男性成家之後，通常也會採取與其父親相同的態度。

除了家庭環境外，視力範圍、身高高矮、空間掌握能力與記憶力等，也都會影響到整理能力。有些人則是因為視力不佳，根本看不到細小的灰塵或垃圾。

即使想要後天培養，一輩子能在團體裡學習收納能力的場所，恐怕也只有幼兒園。因此，若要想藉由整頓改善婚姻關係，第一步就是先將夫妻間的整理習慣與能力差異視為理所當然。

不是誰在意誰去做，而是定下日期一起做

在夫妻收納能力有落差的情況下，讓更在意環境整潔的人去做，會導致負擔都落在整理能力較佳者身上。**因此，建議各位先理解彼此理想的整**

理頻率後，找出一個中間值，接著再選擇特定的日子一起動手做。

舉例而言：

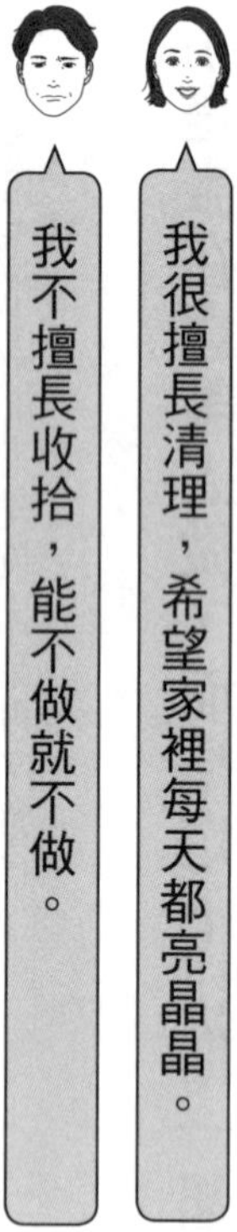
我很擅長清理，希望家裡每天都亮晶晶。
我不擅長收拾，能不做就不做。

以這種情形來說，可以在每週末設定一小時的收納時間，由夫妻共同打掃，平日裡，妻子則不要太在意居家環境髒亂與否。同時，建議**刻意打造偷懶機制**，像是設置較多的髒衣物收納籃，只要把東西丟進去即可。

夫妻倆都不喜歡打掃，每週末最少也要預留三十分鐘的清潔時段。這時，定出讓雙方都不會感到勉強的機制就非常重要，像是週六午餐改叫外送，把多出來的時間拿來打掃。

「一個多餘雜物都不行」與「只要用吸塵器稍微打掃即可」之間的差

三大打掃習慣關鍵

- 避免由特定一方承擔打掃責任。
- 不要過度要求平日整潔（只要週末有徹底清理就好）。
- 不要獨自進行，要全家人一起做。

異非常大。

由於每天都維持一塵不染的難度太高，因此家庭成員必須互相磨合，找出類似「假日一起整理到完美的居家狀態，而平日可以簡單用吸塵器吸過就好」這種大家都能接受的標準。只要週末會徹底清掃過，就算週五家裡比較亂也還可以忍受。

對於家裡有嬰兒而必須時刻保持整潔的家庭而言，不需要想盡辦法讓整個家都乾乾淨淨，而是要依空間的使用需求做適度調整。

例如：只需在嬰兒會經過的地方保持完美，其他空間平時雜亂無章沒關係。

讓每個人把打掃當成自己的事

日本某研究公司從各地找來一千兩百名十五至七十九歲的男女進行居家打掃相關調查（二〇一三年），結果發現約有一半的人每週打掃客廳一次以上，剩下的一半一週連一次都做不到。此外，國際醫療福祉大學針對大學生施行室內環境調查（二〇一五年），結果顯示每天打掃的大學生僅八％。[8]

從獨居時期就沒有打掃習慣的人，要在與他人同住後，學會每天保持環境整潔，根本是不可能的任務。

沒有實際收拾過的人，想像不出地上到處都是雜物有多麻煩。只有負責使用吸塵器的人，才會在意擺放在地板上的物品，也只有負責清掃浴室的人，才會注意到排水孔的毛髮。

如果想要讓每個人都把整理當成自己的事，最好的方法就是請對方負責清理該場所。

只要對方願意做到最基本的打掃工作，那麼在視覺上的環境美觀程度就屬於自我滿足需求。這時，切記不要強迫家人接受自己的審美觀。

POINT!

掌握對方的整理能力後，再分配工作。

平常是我負責吸地板，週末就交給你如何？

妳比較能注意到細節，這樣分配應該比較好。相對的，平日就由我來摺衣服吧！

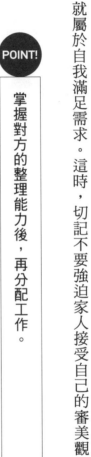

05

收納空間全被妳占去，我的要放哪裡？

常見度 ★★　　立即實現度 ★★

洗手檯都堆滿了妳的保養品，
整理一下啦！

我已經收過了，你不要亂動，
不然我會找不到！

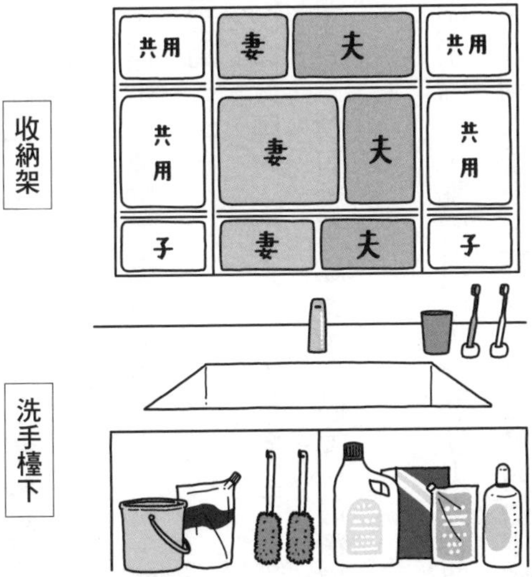
收納架
共用
妻
夫
共用
共用
妻
夫
共用
子
妻
夫
子
洗手檯下

解決方法

不要把所有的收納空間都視為共用，要設置專屬區域與公共區域。

夫妻一起整理洗手檯

客廳與廚房都堆滿雜七雜八的物品。家裡太小了，在搬到更寬敞的地方之前，只能先買收納用品撐過去……。

無論是持有前述想法的人，還是單純覺得東西很多的人，第一件該做的事是——**停止共用所有收納空間**。

有個犯罪心理學用語叫「破窗效應」（Broken windows theory）[9]，指如果有一扇窗戶破了卻放著不管，會有越來越多窗戶破掉，最後導致整個街區荒廢。

當另一半拿出東西後都不順手歸位，那麼自己也會逐漸失去整理的幹勁；如果另一半只是隨便把東西塞到架子上，那麼自己也會開始擺爛，用相同方式占領收納空間。

此外，全家人都在使用的日常用品，往往會多買一點來囤，卻造成庫存過多及過期報廢的問題。

這邊要提出的建議是：整理洗手檯。

事實上，若要讓全家都動起來，最容易入門的就是整理洗手檯周遭。各位不妨先在客廳鋪一塊塑膠墊，接著把洗手檯一帶的東西全都拿出來擺放。之後按照**使用者**、**使用頻率**的順序分門別類（參照下頁圖表1-5）。

使用頻率因人而異，但是不要從「可能會用到」這種未來視角出發，應該回顧過去，嚴謹計算出最近一個月的使用次數。並且，將物品分成**每天使用**、**每週使用數次**、**每月使用數次**、**很少使用**這四大類。

此外，購物附贈的小型加溼器等，以後可能會用到，但是現在沒人在用的東西，便歸類到很少使用。

平均分配專有區的空間比例

分類完畢後，接下來要做的就是空間分配。以夫妻來說，各自的專屬區域比例應為1：1。為了幫助各位了解概念，將以公寓為例說明。

圖表1-5 按照使用者與使用頻率分類洗手檯周遭雜物

用來擺放私人用品的地方，等同於公寓的私人部分，也就是各自的房間，想擺什麼就擺什麼。

另一方面，打掃用品與全家都有在用的乳霜等，都是多人共用的東西，其擺放位置就等同於公寓的共用部分。像大廳、電梯等所有住戶的公共空間，會與私人使用區做出明確區分。因此，各位在使用自家的公共區域時，也必須顧及家人。

請大家留意上述情況，並分層檢視洗手檯周邊的收納範圍。比方說：第一層是妻子的，第二層是丈夫的，洗手檯下則為夫妻共用。

分配空間時，必須根據拿取與收納的方便性，也就是該空間的效用（符合需求）。同樣是洗手檯上的收納區域，伸手就能摸到的位置以及好開關的位置，效用就比較高。當夫妻之間有身高差異時，較高的人可以使用上層，透過雙方實際伸手操作，在互相體諒之餘，也能找到各自適合的專屬區塊。

專屬區域
放什麼都可以的空間

公共區域
擺放物品時必須考慮到其他使用者

使用者不明確的物件，先擺在閒置區

分配完空間後，便可把雜物一一放回洗手檯附近。在整理各自的專有區域時，可依照每日使用順序、是否伸手就能拿到等，決定好每項物品的固定位置。此外，盡量別在物品前面（或上方）再放置其他東西。使用頻率越高的物件，越要避免與其他東西塞在一起，留下兩成左右的空間。

使用頻率較低的東西，最好擺在各自的私人區塊，也請放在較難拿取的地方。

洗手檯的整理流程

1. 拿出全部雜物。
2. 按照使用者與使用頻率分類。
3. 分配空間＝決定各物品的固定位置。
4. 把雜物放回去。

此時，請勿貿然購買收納用品，可先用衛生紙的空盒或書架代替，等確定物品的固定位置時，再購買適合的來取代。

分類物品的時候，要特別留意：「使用者不明確的物件」及「最近沒在用但是不能丟的東西」。這些東西和使用頻率高的物品放在一起時，每天用完要擺回去的難度就會提高，所以千萬不要將兩者混在一起。

決定好大部分東西的用途後，像是這星期就要用、準備丟掉或賣掉、要拿到公司或車上等，若還有剩下不知道該怎麼處理的，就先放進箱子或袋子裡，並收進閒置區。

沒有閒置空間時，可以先暫放在儲藏櫃或陽臺。買來存放的庫存品，統一收到庫存箱裡（參照第六十七頁），並擺在較不好拿取的地方。

會碰到皮膚的品項，則須留意使用期限。美妝品未開封可放三年，而開封後頂多放一年，護膚產品則至多放半年。

大家覺得如何？經過一次大掃除後，是否大幅減少洗手檯附近的東西了？只要劃分出明確的專屬區域，平常就會想到要把東西放在這些區塊，同時也有助於減少沒必要的購物。如果能用相同手法整理洗手檯以外的場所，即使沒有搬到更大的家，也會覺得收納空間很夠用。

POINT!

劃分出私人與共用，以掌握家中的儲物狀態。

美妝品要固定放在妳那區的第一層右側吧？不過，那邊塞滿了，很難放，週末一起來制定整理計畫吧。

06

庫存區滿到爆，要用時找不到

常見度 ★★★　立即實現度 ★

有必要一次買這麼多嗎？

因為這次特價，便宜了〇元啊！
這都是為了我們家，你不要囉嗦。

特賣
杯麵 20元

妳看！
還很夠！
雖然很便宜……
還是要忍耐……

解決方法

以兩週為單位管理庫存。

日用品庫存量勿超過一個月

儘管空間不大，每次購物時，依然會買大量的日常用品與食品，結果導致家裡東西越堆越多，最後找不到地方放。然而，看到特價或是為了預防萬一，總會想為了家人多準備一些……。

另一半老是買太多用品時，善用「存貨周轉天數」（Days sales of inventory）[10]，能有效制止對方。這是會計學用語，指的是商品入庫至出貨所耗費的時間。

舉例來說，各位家中備有幾支牙刷？如果要計算牙刷的存貨周轉天數，只要將現有的庫存量除以一個月的用量即可。

假設每支牙刷的使用壽命是一個月，而家裡有五支庫存時，計算方法是：「五支（庫存量）÷一支（一個月的用量）＝五個月（存貨周轉天數）」想想看，家裡真的需要準備這麼多牙刷嗎？

如果發生地震，導致供水、電力與天然氣等生活管線斷裂，則必須花

圖表1-6　藉由「備品指南」檢視必要的儲備清單

以住在公寓的成年男性、女性與男童（3 歲～小 6），家中沒有養寵物為例。

請寫下自家的庫存量

● **建議的主要儲備物資（7天份）**

品項	儲備量	單位
水	59公升	公升
微波白飯	59碗	碗
調理包	20包	包
罐頭（味噌鯖魚、蔬菜等）	20罐	罐
蔬菜汁	20瓶	瓶
泡麵	7包	包
無洗米	8公斤	公斤
水果罐頭	7罐	罐
抗菌溼紙巾	210張	張
酒精噴霧	3瓶	瓶
口罩	21片	片
卡式爐	1臺	臺
捲筒衛生紙	7捲	捲
衛生紙	7包	包
拋棄式暖暖包	42片	片
工作手套	21雙	雙

※卡式爐的瓦斯罐準備量為 1 天 3／4 罐（1臺）。

一週才能修復。為了生存，預先準備兩倍的量，也就是兩週份的食品與衛生用品會比較放心。請參考上頁圖表1-6，依據家庭成員、住宅形式、是否有養寵物等，確認適合自家的庫存量吧。[11]

檢視完清單後，若發現有不足或過剩的品項，便可以看出不均衡的儲備量。

光是要儲存兩週的水，就得占用很多空間。超過一個月的庫存量明顯過剩，如此一來便容納不下真正所需的物資。

不安感讓你買買買，當心罹患購物強迫症

很多人認為：「趁特價時先買起來放，可以兼顧儲備與省錢。」然而，只因為價格便宜就隨意購買，會導致庫存品的不均衡，比如，囤積了三十盒調理包，卻沒有準備潔牙粉。換句話說，不當囤貨不僅會壓縮到庫存品空間，還可能在緊要時刻才發現少了真正需要的物品。

圖表1-7　購物前先確認庫存量

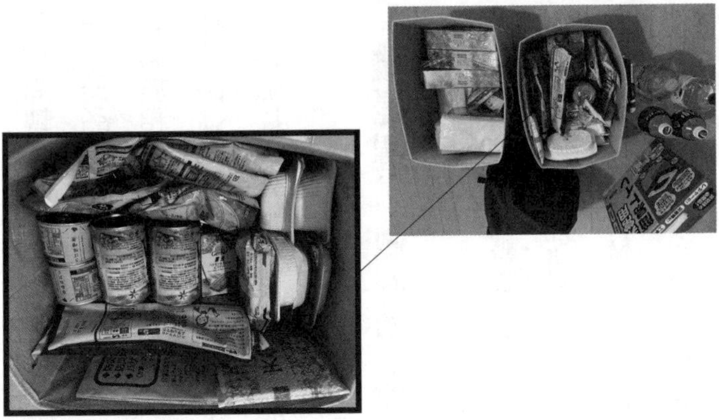

據日本總務省統計局（按：相當於臺灣的內政部）的「住宅及家庭相關基本統計」可以得知，在東京都內租屋的人中，有四分之三人所居住的住宅面積，比國土交通省制定的基本居住面積水準（參照第四十四頁）還要狹窄。[12]

地段越都市化，居住面積越狹窄，不過，前往超市或藥妝店等的便利性就比較高。既然住家不寬敞，購物也方便，那麼相較於囤積特價品省錢，讓周邊商店代替自家保管庫存的效益反而更高。

當存貨周轉天數超過一個月以上時，就要暫停採購，先把儲備品用至剩下兩週左右的量（參照第六十五頁）。此外，善用購物網站的定期配送，也有助於預防去逛實體店家時，發生毫無計畫的囤貨行為。

雖然列出儲備清單後，得耗費工夫加以管理，不過只要每次盤點庫存箱時都拍張照片，外出採買時，就能輕鬆確認家中的儲備量了。

利用手機提醒，做好效期管理

很多人會頂著「迴轉式庫存法」（平常多囤一些食品，並從有效期限較近的食品開始吃，且消耗多少補充多少，藉此讓家中隨時保有一定存量）的名義大量採購食材，結果卻無法好好管理。

不擅長精細化管理（Delicacy Management）的人，不妨將儲備物資放在儲藏櫃或玄關等不易拿取的地方，要吃多少就拿多少，之後再補足取走的量即可。

只要將建議的存量塞進箱子裡，並根據備品的有效期限，在手機上設定提前一個月的提醒通知就沒問題了。

透過手機提醒功能得知有快過期的食品時，可別忘了吃掉。這時不妨以辨活動的心態，定期安排只吃快到期存糧的日子。

「多買一些比較安心」只是一種迷思。必需品的儲備量只要能撐過兩週即可，請善用手機做好庫存管理吧。

POINT!

協助愛囤貨的家人認識存貨周轉天數，試著說服對方只保持一定的庫存量。

從照片中可以確認家裡已經有三個月的存量，再買就太多了。若想要騰出空間，就得有所捨棄才行。

〈不用這麼氣〉

理想衣櫃使用程度，須達五〇%以上

去拜訪客戶家時，我總是要求先查看衣櫃。

只要檢視儲藏櫃或衣櫃的狀態，不必看過整棟住宅，也能看出這個家的生活便利程度。

衣櫥等同家的雙腿，是支撐整棟住宅循環的幫浦。衣櫃流動性低，代表平常會用的東西都丟在外面，整個家裡亂七八糟很難整理。

Sumally Inc.找來兩千名年齡介於二十到五十九歲的男女進行問卷調查（二〇一九年委託 MACROMILL, INC.）。首先，會請人們拍攝一張衣櫃照片，並分析他們的衣櫥情況。結果看出了不合格衣櫃的共通點。[13]

在此請各位也先拍一張衣櫃的照片，並按照左頁圖表1-8的六步驟檢查看看。

若勾選項目達三個以上，就代表「衣櫃分數」偏低。在整理住宅前，請先把衣櫃裡的東西搬出來，並加以收納吧。

打造高效能衣櫃

請仔細觀察剛才拍的照片，並圈出這個月使用一次以上的東西。照片中圈出的面積所占比例稱為

圖表1-8　檢查自己的衣櫃是否合格

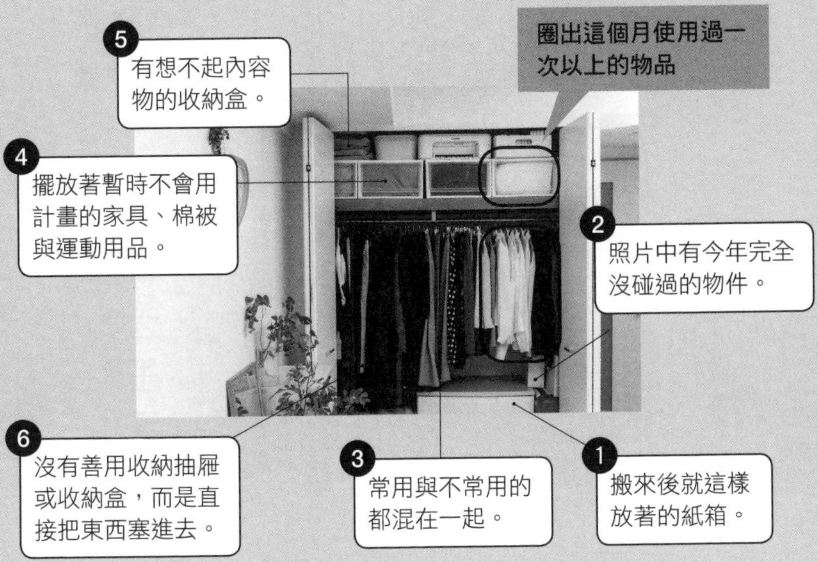
圈出這個月使用過一次以上的物品
5 有想不起內容物的收納盒。
4 擺放著暫時不會用計畫的家具、棉被與運動用品。
2 照片中有今年完全沒碰過的物件。
6 沒有善用收納抽屜或收納盒，而是直接把東西塞進去。
3 常用與不常用的都混在一起。
1 搬來後就這樣放著的紙箱。

「每月使用率」。

測出衣櫃的每月使用率，對於掌握衣櫥狀況非常有效。

理想衣櫃的每月使用率必須達五〇%以上，且所有物品一年至少都要用過一次。客用棉被、露營用品等占了大量空間，如果每月使用率低於五〇%，請先將全年用不到一次的東西，寄放在租賃倉庫等外部收納空間，試著把這些物件清出家門。當然也可以送人、賣掉，等到真正需要時再租就好。

只要將衣櫥拿來收納平常有在用的衣服、包包及書籍等，打掃起來就會簡單許多。所以請打造出高效能衣櫃，並保持整個家的健康吧。

第 2 章

不用整理
也能享有大空間

07

伴侶下班回家衣服總亂丟

常見度 ★★★　立即實現度 ★★★

好歹收一下自己脫下來的衣服！

只是先放著而已，我上班真的很累。

解決方法

不必動腦，
徹底活用「隨手丟收納籃」！

不是家人不做，是收納籃不夠

客廳明明是共用空間，回過神來卻堆滿了家人們脫下來的髒衣服，而收拾的總是自己，實在是令人心煩……。

或許問題並非出在家人不願意配合，單純只是因為收納籃不足。

「男性擅長單一作業，女性擅長多工處理。」這個說法在二十年前曾經造成熱烈討論。姑且不論這個說法的真偽，近年來，不分性別，開始著重於多工作業對腦部造成的傷害。

《專一力原則》（*Singletasking*）作者戴芙拉．札克（Devora Zack）表示：「同時進行兩項工作時，事情會開始在腦中爭奪前額葉皮質的資源，腦部因必須在多工處理間不斷切換，專注力因此變差且腦部產生疲勞。」[14]

事實上，整理非常需要動腦，是會造成前額葉皮質負擔的複雜任務。

在思考或為了應付明天而休息時，光是把拿出來的東西放回原本位置，就會因為程序（作業）過多導致腦部無法處理。

很多人覺得：「平日除了工作，什麼事都不想做。」身為上班族的我們，一忙起來連摺一件T恤的力氣也沒有。

從某個角度來說，平常衣服脫下來就亂丟的人，可以說是為了提高工作表現，才採取這種「戰略性」的亂扔行為。

不必動腦，只要丟進籃子裡

這裡指的並非指有力氣的人負責整理就好。事實上，只要花點巧思，便能輕易解決問題。

請按照家庭成員人數，找個明顯的位置擺放數量相當的大型隨手丟收納籃。這麼做或許多少會損及空間的美觀，還請多加忍耐。

放置收納籃的優點在於，回家後，只要把脫下來的衣服隨手丟進籃中，就能完成收納，還可以在不造成前額葉皮質負擔的情況下養成習慣。

對於腦中塞滿公事的人來說，「想起衣物的固定位置↓打開抽屜↓摺起來放好↓關上抽屜」、「把衣物髒汙清掉↓放進洗衣袋↓丟進洗衣機」等，這些階段性作業都太過繁瑣。

隨手丟收納籃的機制如同圖書館還書箱，先把衣物放進籃子裡，等週末或有空的時候再整理即可。只要維持與脫下後亂丟相同的狀態，就能一直持續下去。

每週整理一至兩次收納籃

若能根據不同用途多準備幾個收納籃，便可以將「要清洗的衣物」、「穿出門過的衣服」、「穿過一次但還不用洗的衣物」分開，還可以進一步減輕腦部負擔。

此外，請以每週一至兩次的頻率做整理，同時也要選擇尺寸充足的收納籃，以免在整理前滿出來。

請挑選輕盈、好移動，且沒有蓋子的簡易型收納籃，若準備可以摺疊起來的不織布型，會更方便。

另外，附有輪子的收納籃占空間，竹編型、不易殺菌或清潔等收納籃，則容易勾到、不便拿取，最好避免使用。

想要養成習慣，就要多留心選購收納籃，並盡可能減輕收納的麻煩程度。

「客廳太窄，擺不了收納籃。」可以將家飾或書本等不常用的物品挪到其他空間，如此一來，應該能擠出一個位置來放收納籃。

但若在地面上擺放過多籃

圖表2-1　隨手丟收納籃×三層櫃活用術

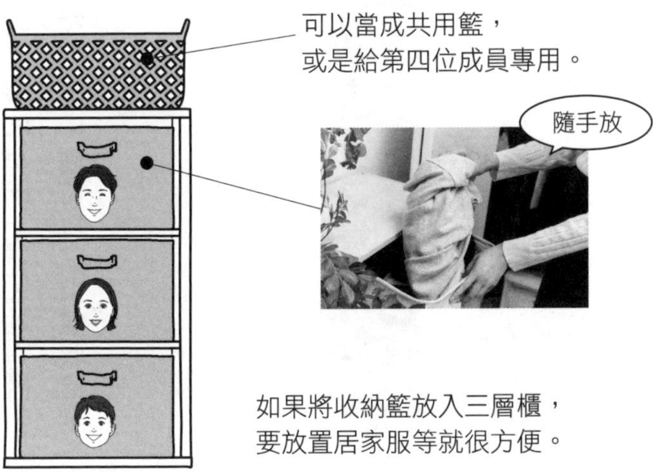
可以當成共用籃，
或是給第四位成員專用。
隨手放
如果將收納籃放入三層櫃，
要放置居家服等就很方便。

子，使用吸塵器時就會很麻煩。這時，不妨搭配架子一起使用。家庭成員人數較多時，活用三層櫃及其上方的空間（參照前頁圖表2-1），總共可以放置一家四口的收納籃，這樣一來，還可以一口氣收拾全家人的衣服。

POINT!

打造一個動作就能完成的流程。

不管再怎麼累，至少可以把穿過的衣服丟進籃子裡吧？週末一起去選購收納籃。

08

衣櫃塞滿滿，但會穿的還是那幾件

常見度 ★★★　　立即實現度 ★

真的需要那麼多衣服嗎？
衣櫃根本放不下。

我和你不一樣，天天得出門，
怎麼可能每天都穿一樣的衣服！

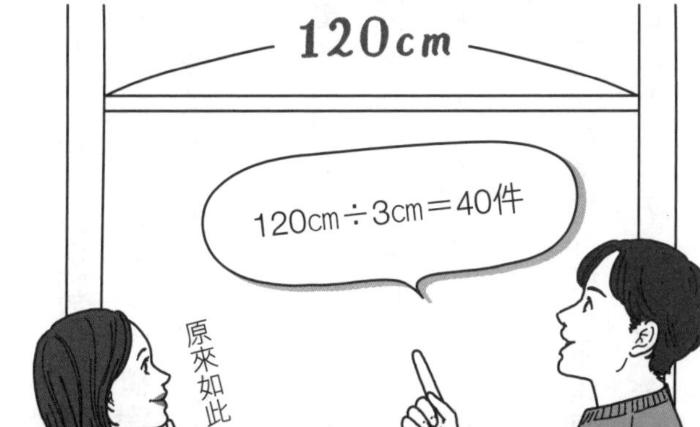
120cm
120cm÷3cm＝40件
原來如此

解決方法

**每件衣服所需空間是 3 公分，
測量衣櫃後，掌握適當的衣服件數。**

每件衣服所需空間是三公分

「衣櫃與斗櫃裡都塞滿了衣服，現在已經放不下，是不是該買吊衣桿了？」、「每次都是從洗好的衣服中挑來穿，衣櫃深處的衣服幾乎沒動。」、「伴侶衣服太多，甚至侵占我的空間。」與衣物收納有關的煩惱，就像上述這樣無窮無盡。

雜誌《女性 SEVEN》曾舉辦過兩千九百九十七名會員參加的問卷調查，發現捨不得丟棄的物品排行榜中，第一名正是衣物[15]。雖然整理衣物的難度很高，但是為了與家人和平分享空間，仍請耗費心思管理。

第一步，**測量可收納件數**。

首先，請準備捲尺。無論是吊衣桿還是斗櫃，**平均每件衣服需要的收納寬度是三公分**。而手掌的厚度約為二．五公分至三公分，正是方便手部進出的數值。

租屋處大都會提供的吊衣桿，其長度多半為九十公分到一百二十公分。

圖表2-2　衣服與衣服之間的間距為 3 公分

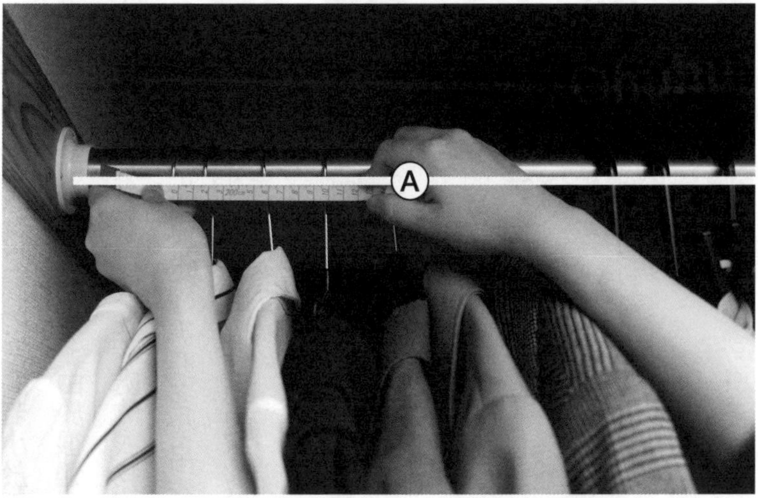

若吊衣桿長度為 A，除以三後得出的數字，即為適合的收納件數。

以一百二十公分長的桿子為例，上限是四十件，夫妻一同共用就是一人二十件。

至於寬六十公分的三層斗櫃，則可收納六十件（實際所需空間會依毛衣或襯衫的薄厚程度而有所差異，此僅為參考值）。

我可以明白各位希望將衣服塞滿

衣櫃的心情，不過，**衣物之間的空間若小於三公分，就會有被擋到、很難放回去，或因為重壓而變形等問題**。由於很難拿到想穿的衣服，結果乾脆丟在外面，或是總穿特定幾套，收在深處的衣物根本派不上用場。

因此，建議各位先決定好需要多少吊衣桿。並按照收納數量採購形式統一的吊衣桿，就可以打造出一致的視覺效果，看起來會清爽許多。

POINT!

依照空間大小計算出可收納的件數後，再進一步決定衣物擺放位置。

我們家的吊衣桿長一百二十公分，就把兩人要穿的當季衣物控制在四十件以內吧。

我因為工作需求買了比較多衣服，雖然有些抱歉，但請給我三十件的空間。為了補償你，五層書櫃你可以用其中的四層。

09

衣櫥太小，放不了其他東西

常見度 ★★★　立即實現度 ★★

妳明知理想的收納量，
還是不願意做好衣物減量？

要減少成吊衣桿掛20件、斗櫃30件，
根本就不可能好不好！

解決方法

藉由戰略性換季，
看出這一季要穿的衣服。

每年進行四次衣物換季

二〇一九年，Mercari（按：日本網路交易二手平臺）找來一千零三十位年齡界於二十到六十多歲的男女進行衣物換季調查，結果顯示男性平均擁有四十八件服飾相關物品，女性平均則為一百零五件。

在持有量與平均數量相當的情況下，有大半租屋處的空間不足，尤其是連男性都擁有五十件以上衣物時，家裡根本不可能光靠衣櫃收納。[16]

這裡推薦大家一種收納方法——戰略性衣物換季。

衣物換季文化最早始於平安時代（西元七九四年～西元一一九二年），從中國傳進日本，到了江戶時代演變成一年換季四次，直到明治時期引進西式服裝，才以一年兩次為主流。

假設夫妻共有兩百件衣物，但衣櫥與斗櫃只有一百件的收納容量時，每年換季兩次會較為恰當。

數量更多時，則要將換季頻率提升到一年四次（春夏秋冬）。另外，吊掛當季衣物的吊衣桿與斗櫃，也必須保有先前提及的三公分間隔。

非當季衣物要將其壓縮，並收在衣櫥的上層或下層，如此一來，就不會多到滿出來，日常挑選及整理衣服也會更加順利（參照下頁圖表2-3）。

請各位先看看不合格的案例。

吊衣桿與斗櫃塞滿了衣物，既搞不清楚內容物，又難拿、難收。結果導致沙發與洗衣籃堆積如山，讓翻找衣服變成每日例行公事。

此外，衣櫥的上下層擺放著搬來後從沒開過的紙箱，根本不記得裡面裝了什麼。在這樣的情況下，衣服多到滿出來也是理所當然的事。

那麼理想的收納又是如何呢？

吊衣桿與斗櫃在可維持適當間距的情況下，吊掛當季衣物，因此，不再隨手丟在沙發等處。而非當季衣物，則將其壓縮後，收納在衣櫥的上層或下層。

關鍵在於是否根據季節確實換季。必須讓吊衣桿與斗櫃隨時只放當季衣物的狀態。這樣一來，衣櫥不僅看起來很清爽，也不必耗費太多心力與

圖表2-3　衣物理想收納空間

✕ 不合格案例

①、② 塞得滿滿滿，看不出到底放了什麼。
③ 搬來後就沒開過，不記得裡面是什麼。
④ 日常衣物堆積如山。

〇 理想案例

①、② 當季衣物間都有 3 公分的間隔。
③ 將非當季衣物壓縮後收起來。
④ 什麼東西都沒放（暫放OK）。

時間挑選衣物。

這一季完全沒穿到的衣物，請賣掉或轉讓，變得破舊的衣服可以拿去當抹布使用。藉由衣物壓縮袋大幅縮減體積後，若仍找不到地方放置，可以先收在其他地方等到適合的季節到來。

在整理羽絨外套或棉被的時候，可以選擇比個人倉儲更便宜且方便的宅配收納服務 Sumally pocket（按：日本提供的私人物品保管，並有到府收送與送洗等服務），還能順便送洗。

斗櫃要選好開好關的

順道一提，我在造訪對衣物收納感到困擾的人們家中時，發現很多人使用的家具也有問題，例如：木製斗櫃太重、不好開關等。

光是拿取或收納時多了幾秒鐘的負擔，便足以招來不願意物歸原位的麻煩，斗櫃中的衣服也可能再無登場機會。尤其是老舊的木製斗櫃，若不謹慎一點，甚至會被抽屜邊緣劃傷。這樣的收納環境，讓日常的整理與取物變得更加不便利。

正準備添購新斗櫃的人，建議首重抽屜輕度，或考慮塑膠製斗櫃。

我家採用了隱藏式收納——愛麗思歐雅瑪（按：IRIS OHYAMA，日本居家生活品牌）的木質天板收納櫃（參照左頁圖表2-4）。所有當季衣物都擺在這個斗櫃中，非當季衣物則放在能看見內容物的透明抽屜式收納箱系列。

這款收納箱很輕，可以放在衣櫃或壁櫥內，即使擺在其他地方也不會太占空間。各位在採購收納設備之前，請先決定好要擺放的位置，並測量實際深度與寬度，找到剛好符合的商品。

如果有「傳承自父母，但是很難用」的家具時，可以考慮賣給專門收購品牌家具的店家。趁這時重新檢視收納設備，也有助於減輕整理壓力。

圖表2-4　米田流衣物收納術

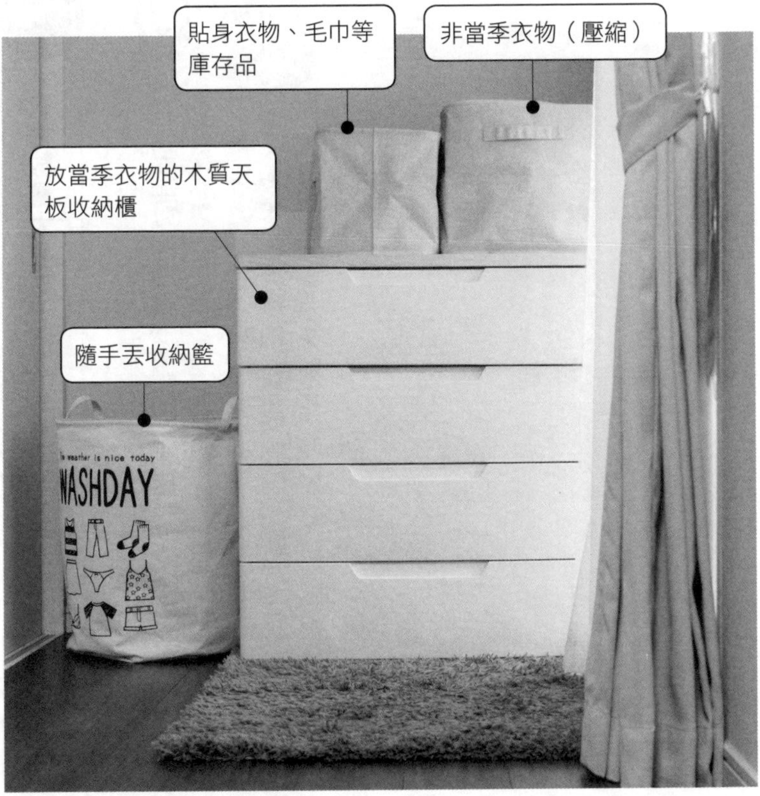
貼身衣物、毛巾等
庫存品
非當季衣物（壓縮）
放當季衣物的木質天
板收納櫃
隨手丟收納籃
WASHDAY

POINT!

衣物數量太多時，以一年四次的頻率換季吧！

這週氣溫好像會低於攝氏二十度，週末一起換成秋季衣物？

好啊，今年都沒穿到的夏季服飾，就拿去跳蚤市場賣掉吧。

10

重複買類似的衣物與鞋子

常見度 ★★　　立即實現度 ★★★

你不是已經有這類型的鞋子了？

雖然看起來很像，但是它們完全不同。
這雙鞋……（暢談自己的講究）。

解決方法

**製作穿搭相簿，
篩選出最常穿的衣物。**

衣服明明夠穿，為何還一直買買買？

儘管衣櫃裡已經塞滿衣物或鞋子了，伴侶卻持續購買類似物品，要是不分青紅皂白提醒對方：「不要總是買同樣的衣服。」另一半就會和我冷戰——世界上也有人正面臨如此困擾。

即使對家人或伴侶的購物習慣感到傻眼，卻沒辦法糾正對方：「你買太多沒用的服飾了。」

動不動買新衣服的習慣，往往不只是單純的娛樂或興趣，而是為了消解內心的某種情緒。

越是將購物當興趣的人，就越要注意。這類人可能是對自己擁有的衣物缺乏自信，才會不斷追求新衣服。

二〇二〇年ＩＣＢＩ公司曾針對一千零六十四名二十至四十多歲女性進行服裝選購調查，結果顯示約有八成女性有選購衣服的困難。另外，約有九成女性曾經有過錯買服裝經驗。

也就是說，能夠抬頭挺胸表示「手上的衣服很適合我！」的人屬於少數派。[17]

整理業界常說：「除了常穿的衣物，其餘都要斷捨離。」然而，對時尚品味缺乏自信的人，會陷入手中的衣服好像全都派得上用場，但又覺得自己好像沒衣服可穿的糾結。

即使想要按照使用頻率來分類，也總會苦惱今天的穿搭其實也不是因為喜歡才穿的。

這樣的人很容易陷入惡性循環──每逢派對或孩子學校的教學參觀日，就會匆匆忙忙去買新衣服，然後又增加一套缺乏自信的服裝。

儘管如此，也沒辦法撒手不管另一半總是愛亂買衣服。畢竟家中的空間會被收納不了的衣物給塞滿，還會因此浪費錢。

二〇二〇年時尚雜誌《Oggi》曾調查一千一百一十名職業婦女一個月的消費金額，發現她們月平均治裝費為一萬三千六百七十日圓（按：本書日圓兌新臺幣之匯率，依臺灣銀行二〇二三年十一月公告均價〇・二一八元計算，約新臺幣兩千九百八十元）。接受調查的女性們平均年收入是三百一十八萬日圓，也就是說，收入中有五%都用來買衣服。對此，伴侶的真心話想必是：「真希望可以省點治裝費。」[18]

製作穿搭相簿

在此要推薦的是：活用旁觀者的角度。請為伴侶打造可以客觀面對手中衣物的機會。

最快的方法是諮詢專業造型師。各位或許會認為做造型專屬於有錢人或藝人，不過近年來其實多了很多不同類型的服務，包括線上型、陪同購物型、上門型等，從可以輕易操作的APP，到面對面造型服務等，當然型態與費用也各不相同。

我自己時常活用STYLISTE這種個人造型服務。專業造型師除了針對手中衣物提供穿搭建議外，還會告知應補足及應捨棄的衣物等意見。

不願意花錢委託造型師的人，則建議製作穿搭相簿。

在YouTube檢索「穿搭相簿」，會出現許多藝人或網紅介紹手邊衣物的影片，但我不是要各位拍影片，而是拍攝照片。請化身模特兒，仔細穿搭後拍照吧。

透過照片這層濾鏡，有助於客觀檢視自己適不適合、想不

圖表2-5　穿搭相簿的示意圖

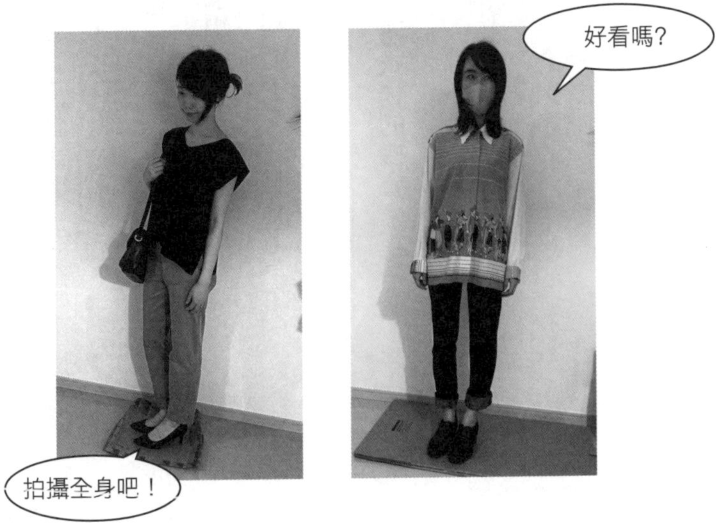

想穿，同時還能看出尚須補足什麼樣的服飾。如果需要可信任的親友協助挑選穿搭時，直接傳照片過去就好，相當方便。

請以白色牆壁為背景，讓伴侶為自己拍攝全身照。

這時，負責拍照的人嚴禁說出「不適合」、「趕快丟掉」等負面評語，只有另一半要求時才可以說出感想。

請作為輔助角色，協助對方冷靜判斷手邊的服飾。

POINT!

為另一半創造客觀審視手邊衣物的機會。

又到換季時期了耶！網路上的造型服務有特價，妳要不要試試看？

〔不用這麼氣〕

一季十五件，讓你「衣舊」時尚

買衣服、丟衣服的判斷很容易流於主觀，且因人而異。因此，對時尚品味越缺乏自信的人，會耗費越多時間在整理衣櫃。

在此請來參與國內外時尚雜誌與藝人造型的 FASHION PARTNER 公司董事長小野田史，談談衣物管理戰略。

首先，如果想要成為人們眼中時髦的人，應該準備幾件衣服？

對此，小野田表示，這裡的指標並非是衣服的件數多寡，而是能在某個季節搭配出的穿搭數量（組合）。

假設一件衣服能運用在二至四套穿搭上，那麼一季（春夏秋冬共四季）上下半身加起來只要十五件，最少就可以打造出三十套造型，這樣一來，一整個月的打扮都不會重複。雜誌刊登穿搭特輯企劃，往往也都用十五件左右的衣服，組合出一個月的造型。

每天早上看著塞滿的衣櫃，苦惱不知道該穿什麼，結果最終還是拿出固定的那幾套——相信很多人都是如此。無論擁有多少件衣服，若只穿那幾套，就等於手上沒多少件衣物。

據說：「人們每天平均使用十七分鐘挑衣服。」如果能夠事先決定好三十套造型，就可以大幅縮減選擇的時間。因此，關鍵在於一換季便要決定好這一季的三十套穿搭。獨自一人不知道該怎麼搭配時，也可以找來造型師或可信賴的朋友等，參考一下他人的意見。

丟衣服的五大基準

「不跟隨流行趨勢每年採購新衣，看起來就不時髦。」抱持如此煩惱的人，請先留意基本款與流行款的比例。

基本款衣物與當今最流行款的衣物黃金比例是七三．九%比二六．

一％。這是小野田參考以小搏大策略聞名的蘭徹斯特法則（Lanchester's laws）後，所得出並提倡的數字。

「時髦的人全身上下都是最時尚的單品吧？」儘管很多人容易陷入這樣的迷思，但即使貴為專業人士，也認為流行款很難跟其他衣服搭配，隨便搭可能產生全身風格不一致的風險。

事實上，一季十五件衣服當中，只要有三件是當季流行款就好。不要跟著店家的特賣起舞而隨便亂買，而是僅替換部分衣物即可，全年的治裝費也建議控制在年收入的四％。

穿著頻率較高的基本款，能一口氣購買多件，舊了便直接丟掉。至於汰換衣物的基準，可以參考下列檢視表。

● 汰換衣物基準

☐ 沾到清不掉的髒汙。

☐ 衣領或袖子變鬆了。

□破到無法修補的程度。
□臀部與手肘處都鬆垮垮的。
□布料摩擦到變薄。

昂貴衣物活用術

若嚴格區分日常款與時髦款，會導致衣櫃使用率降低。舉例來說，為了參加朋友婚禮，購買一件十萬日圓的名牌洋裝，以及五萬日圓的外套。

假設接下來可以維持相同體型十年，那麼這套服裝的折舊費用就是每年一．五萬日圓。另外，放在家中也會在無形間產生管理成本，且如果只挑重要場合才穿，會造成相當大的機會損失（採取現行方案所造成的潛在損失）。

因此，去比較高級的餐廳吃飯，也穿著日常款外套搭配時髦款洋裝，或是日常款服裝搭配時髦款外套，就可以增加折舊期間的使用率，將這套昂貴的衣服穿夠本。等身型出現明顯變化時，這套服裝的折舊費用就會瞬間提升，這時請賣掉回收殘餘價值。

「價格昂貴，而且款式有點太年輕了。」、「雖然很喜歡，但穿起來太緊了。」、「材質比較脆弱，清洗起來很麻煩。」若是在諸多因素影響下，一次都沒穿過，就不要在意價格，直接歸類為不穿的衣物。不穿的衣物越多，衣櫃便越容易沒空間。

請捨棄根本不會穿的服裝，換成好穿又能穿很久的基本款，打造出機動力強大的衣櫃。

覺得伴侶的衣服太多時，請確認對方的穿搭數量。只要每天早上在另一半上班前拍張全身照，就能將衣櫃內衣物的活用程度可視化。

第 3 章

另一半不愛（想）整理，怎麼辦？

11

長時間待在家，卻說沒空收拾

常見度 ★★★　立即實現度 ★

我回來了。咦？為什麼家裡這麼亂？
妳一整天在做什麼？

今天孩子們吵架了，我一個人根本
忙不過來，請你體諒好嘛！

解決方法

理解管理物品的辛苦，
並學會貼心的表達。

女性偏愛餐具與衣服，男性則是書本及手錶

「我老婆很不會整理，有沒有辦法改善呢？」很多人對不懂收納的伴侶感到不滿，這也讓我感受到人們在這方面的急切程度。

一般來說，人們都有女性熱愛購物的刻板印象。畢竟百貨公司或購物中心裡，專屬為女性打造的面積寬敞得多。

Sumally Inc. 找來住在日本關東地區的各三百位男性與女性，展開整理相關調查，並根據這場調查結果，加以探討實際的性別持有欲差異。[19]

接下來，將提出各式各樣的數據加以佐證。最重要的是，從中找到什麼樣的線索。此外，也希望大家一起思考該如何面對現實？以及該怎麼做？

首先，請看左頁圖表3-1與第一一〇頁圖表3-2。

為了測出人們對物品的執著程度，提出了下列十個問題，並以男女合計後算出的平均數值為基準，檢視執著的強弱比例。其結果一如既有印象，女性對物品的執著程度高於男性。

接著在「有在蒐集且比他人更講究」這一項中比較男女差異（參照第一一一頁圖表3-3），會發現女性傾向蒐羅衣服、餐具與家飾，男性則是書本與手錶。同時，也可以看出女性蒐集的品項種類較多，而且那些物件也相對較占空間。

女性就得負責做家事？

女性必須管理這麼多東西的原因在於，妻子往往承擔較多家務。即使是雙薪家庭為主

圖表3-1　對物品執著程度的10個問題

1	家中有10個以上會想向人炫耀的物件。
2	享受與親朋好友談論物品的時光。
3	選購每一項東西都很花時間。
4	喜歡名牌。
5	有收藏品。
6	喜歡調查製作者的來歷，以及物品製造的背景等。
7	有費盡千辛萬苦才到手的東西。
8	喜歡自己動手打造物品。
9	經常修繕物件，並會長期持續使用。
10	家裡擺有許多喜歡的物品，光是看著就覺得幸福。

圖表3-2　對物品的執著【男女分開計算】

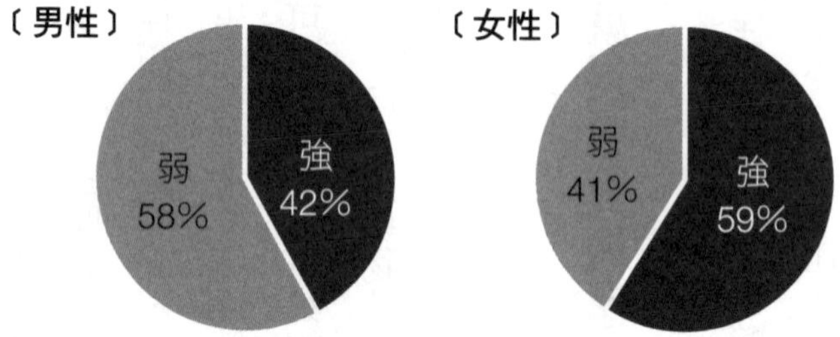

➔ 女性相較於男性，對物品的執著有較為強烈

【計算方法】

- 回答對物品執著程度的 10 個問題（圖表 3-1）時，分成「5：非常符合～1：完全不符合」共 5 個程度。
- 50 分為滿分，男女合計的分數為平均 33 分。
- 將 33 分以上的群體歸類為：對物品的執著程度強」、32 分以下的群體為對物品的執著程度弱」，接著，再分別檢視男女執著的強弱比例。

資料來源：Sumally Inc.「整理相關調查」（2019年）、ASMARQ調查公司。

流的現在，家事分擔依舊存在男女差異。

日本國立社會保障暨人口問題研究所於二〇一九年九月公布的「第六次全國家庭動向調查」，發現家事分擔狀況如第一一三頁圖表3-4（調查對象為六千一百四十二名已婚女性）。

調查結果顯示，食材與日用品的庫存掌控、餐點內容思考等，有九成都是妻子負責，而分類並整理垃圾則有八成。

圖表3-3 依性別分類蒐集品項的百分比

	品項	男性	女性
1	衣物	21%	**35%**
2	書本	**30%**	**25%**
3	3C產品、工具	12%	7%
4	CD、DVD	24%	23%
5	興趣方面的收藏	19%	21%
6	餐具	3%	13%
7	手錶、飾品	**15%**	10%
8	家庭回憶紀錄	8%	11%
9	家飾、日常雜貨	6%	14%

* 依性別分開計算，「有在蒐集且比他人更講究」類別。

另一方面，丈夫會積極參與電器用品的選擇。

育兒方面，有九成的妻子包攬第一個小孩至一歲為止的平日白天照護，剩下約一成則是雙親（祖父母）幫忙照護而非丈夫。從這樣的社會背景來看，多數家庭連同孩子的相關用具皆由妻子獨自管理。[20]

據說每個人平均持有一千五百項物品，而其中有將近一半是食品與日用品等消耗品。

在由夫妻與嬰兒組成的三人家庭中，當家務主要落在妻子身上的時候，丈夫須負責的僅有五百至七百件自己的私人用品。但是，妻子除了要管理自身私人物件之外，還有全家的食品、日用品與兒童用品等，共計約達三千件。再加上，若洗衣也全由妻子負責，數量便又更多了。

最重要的是整理所耗費的工夫（程序的數量），並非管理物品件數多寡，耗費的工夫會隨著持有物品數量與類型的增加，而出現指數型增長。也就是說，對於管理大多數家中品項的女性而言，就處於整理難度非常高的環境。

圖表3-4　夫妻之間做家務的比率

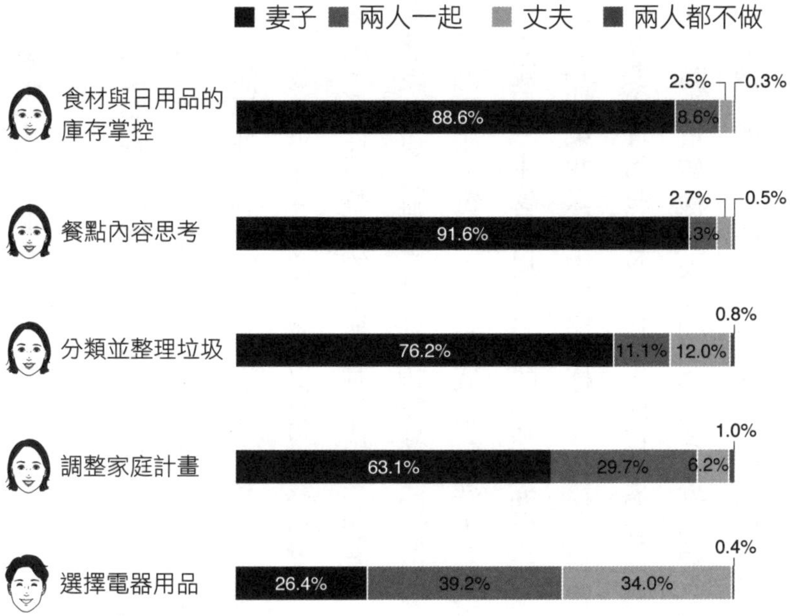
■ 妻子 ■ 兩人一起 ■ 丈夫 ■ 兩人都不做
食材與日用品的庫存掌控
88.6%
8.6%
2.5%
0.3%
餐點內容思考
91.6%
.3%
2.7%
0.5%
分類並整理垃圾
76.2%
11.1%
12.0%
0.8%
調整家庭計畫
63.1%
29.7%
6.2%
1.0%
選擇電器用品
26.4%
39.2%
34.0%
0.4%

〔調查概要〕調查對象為6,142名已婚女性（妻子）。

（註1）妻子年齡均未滿60歲。受到四捨五入的影響，部分比例總計未達100。

（註2）對家務負責人的回答是分成：妻子、大都是妻子、兩人一起、大都是丈夫、丈夫等。大都是妻子會歸類到「妻子」的選項；大都是丈夫則會歸類到「丈夫」的選項。

資料來源：日本國立社會保障暨人口問題研究所「第六次全國家庭動向調查」。

嚴禁質疑對方不收拾

在前述的整理相關調查中，將「我應該花更多時間收納」這個問題分成五階段讓參加者自我評價，結果有七成以上的女性都表示認同，且出現自責念頭，而男性不到六成（按：從非常認同、稍微認同、普通、不太認同、完全不認同中擇一，非常認同與稍微認同皆歸在認同的選項中）。由此可以看出，女性對整理的危機意識比男性還要高。[19]

肩負著家務導致無法確實整頓家裡，內心已經受到愧疚感折磨的妻子，甚至還聽到丈夫質問：「為什麼不整理？」肯定會大受傷害。

隨口質疑另一半或是自以為是的丟掉東西等行為，會嚴重傷害夫妻間的信賴關係。「把東西丟掉！」像這樣命令伴侶，只會破壞對方的心情。也由於丈夫只需要管理自身的私人物品，所以才會誤以為自己比較擅長收納。

因此，請先重新檢視夫妻間的家務分擔問題，一起討論看看是否能減少妻子的負擔，例如：能在藥妝店買到的日用品就由丈夫負責等。

POINT!

不要直接向另一半宣洩壞情緒。

我回來了！家裡好像有點亂，今天已經很晚了，週末再一起討論看看有沒有解決方法吧！

12

家裡亂到不行是誰的錯？

常見度 ★★　　立即實現度 ★

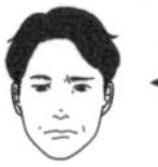

家裡這麼亂，為什麼不整理？

我都有在打掃，
你到底還有什麼好不滿的！

解決方法

**透過 5 分鐘打掃影片，
一起檢視整理課題。**

拍攝五分鐘內的打掃實況影片

家裡已經亂到連吸塵器都無法運作，另一半卻完全沒打算清理。面對這樣的伴侶時，到底該怎麼幫助對方意識到家中的整理課題呢？

最快的方法就是拍攝影片或照片，讓對方明確意識到家裡的環境問題。受到性別、成長環境、家事分攤等因素影響，即使生活在同一個屋簷下，人們眼睛所看見的世界仍會因人而異。自己在意的事情，同住者未必有意會到。

請拍攝家中的影片或照片，同時呈現出實際物品的存在，以及生活動線上有物品阻擋所造成的困擾。透過學習 YouTuber 的自宅開箱影片方式，用直播呈現自己的生活動線。

這時，請勿說出髒得令人不快等批評，應該藉由「我想用吸塵器打掃，但是地上有襪子，所以要先撿起來拿去洗衣機。」、「小孩的書包放在這，講義也丟滿地，吸塵器無法通行。」等這類客觀敘述，呈現出各種物品阻礙了吸塵器運行的實況。

若平時不會注意到的地方，則不必特別指出。拍攝時，請以平常在意的地方為主，並將影片長度控制在五分鐘以內。

伴侶很忙的時候拿出影片，很容易讓對方覺得是在找碴，或是一不小心就忽視了。所以，請挑週末大家都有空的時段，再拿出事先拍好的影片或照片，一起思考改善方案。等待孩子才藝班下課的期間，或是用餐後的放鬆時光等，都是很好的討論時機。

不過，討論時切記不能流於「以後會注意」這種精神喊話，必須提出具體改善辦法，像是設置收納籃或重新調整動線等，並要求伴侶配合。

POINT!

不要只是嘴上批評家裡亂七八糟，而是協助對方客觀認知到實際狀況後，提出改善方案。

我平常回家後發現衣服被亂丟在各處，得想點解決辦法。

（看著影片）哎呀討厭，仔細看還真誇張。我把要洗的衣服先放在窗邊的沙發，結果被孩子亂丟。

原來如此，原來是小孩子弄亂的。那我們先在窗邊放一個待洗衣物收納籃，妳覺得如何？

13

孩子出生後，家裡從沒整齊過

常見度 ★★★　立即實現度 ★★

家裡太窄了！小孩出生後空間更小！我想趕快搬到更大的房子。

要找更寬敞的房子只能去郊區，到時候也得買收納設備，要花很多錢耶！

解決方法

在人生邁向下一階段之前，先做好「2小時×10次」的整理與收納。

育兒期間家裡總是亂糟糟

我很常聽到「小孩出生後，就完全無法打掃家裡」等心聲。育兒可以說是整理難度最高的人生階段。原本只有夫妻倆在用的住宅，光是多了一個嬰兒變成三人家庭，便會導致以下收納阻礙：

- 占空間的嬰兒用品。
- 多了新生兒賀禮等他人贈與的物品。
- 照顧嬰兒耗費大把時間，根本擠不出空閒來清理家中。
- 嬰兒開始會亂丟東西。
- 東西必須收到嬰兒拿不到的地方，導致很多日常用品無法擺在原位。

除了生產之外，還有其他會影響整理的人生階段變化。

據說，在美國，每十個家庭中就有一個家庭會使用私人倉儲（Self

storage），針對這種外部儲藏需求衍生出了4D這個名詞。

所謂4D，是由高齡化（Death）、離婚（Divorce）、住宅狹窄化（Down-sizing）與人口流動（Dislocation）這四個字的首字母所組成。各國普遍認為，對外部儲藏的需求成長，都源自於此。

以高齡化為例，其實最初是由於雙親過世後，捨不得丟棄他們的遺物，需要找地方暫放，私人倉儲才應運而生。[21]

此外，還有結婚、換工作

圖表3-5　導致物品增加的四大主因

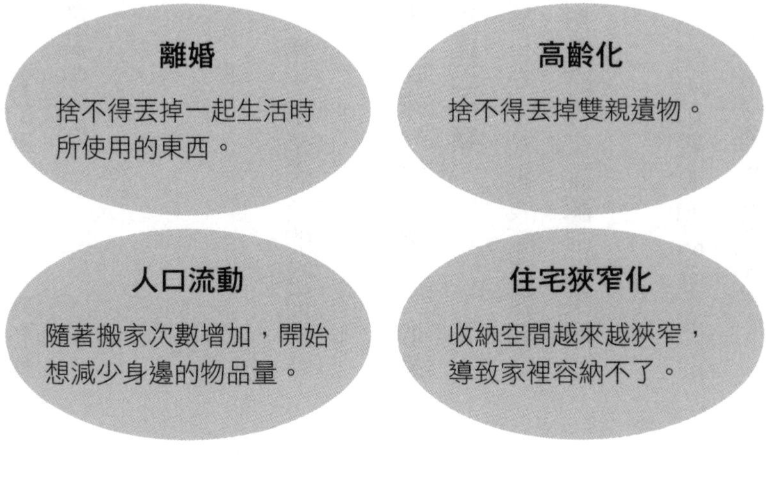
離婚
捨不得丟掉一起生活時所使用的東西。
高齡化
捨不得丟掉雙親遺物。
人口流動
隨著搬家次數增加，開始想減少身邊的物品量。
住宅狹窄化
收納空間越來越狹窄，導致家裡容納不了。

或調職、生病、住院、照護、開始養寵物、產生了新的興趣等，各式各樣人生階段的變化會造成持有物品增加，進而破壞家中秩序。

人們每年花一百五十小時找東西

面對這類人生階段時，家裡一定都會亂七八糟。這是因為能打掃的時間變少了，且很容易被推遲到其他家務之後。

整理可以分成第一，「釐清（把所有物品拿出來）」、第二，收納（決定物品的位置）、第三，整頓（物歸原位）這三大類。

很多人光是在整頓就耗盡心力，因此只能趁有空時檢視與釐清儲藏室或架子上的內容物，而我相信很多人都會想等搬家時再來確認（結果搬家時更加手忙腳亂）。

我們都花了大把時間在整頓及找東西。各位一定都曾有過訪客上門前匆匆把東西塞進儲藏室，或是想不起來某個物品放在哪裡的經驗吧？

《給不知不覺桌子就雜亂不堪的你》（*Order from Chaos*）的作者利茲．戴文波特（Liz Davenport）表示，平均每位商務人士每年花一百五十小時在找東西。[22]

假設每年上班時間是兩百五十天（每天工作八小時），那麼上班時每天會花三十六分鐘在找物品。在家期間肯定花更多時間尋找與回想東西被放去何處。

若能確實執行整理與收納，那麼從結果來看，其實可以節省許多寶貴時間。

預先投資二十小時，節省未來的整理時間

請在生產、換工作與搬家等重大人生階段來臨前，務必先花費二十小時整理、收納。

如同婚禮前夕會上健身房或美體沙龍雕塑身材一樣，建議各位預先投

資「兩小時×十次」的時間，以節省未來的整理時間（參照第一二八頁圖表3-6上半部）。只要有這二十小時，無論是什麼樣的住宅，都能為所有物品找到專屬位置。只要每週實施兩組，一個月便可完成。

已經生完小孩、搬完家的人，或是根本擠不出二十個小時的人，可以先依照「一個月後繼續整理」的方式決定好日期後，將家中的物品暫時移去外面（參照第一二八頁圖表3-6下半部）。

舉例來說，生小孩前穿的洋裝或高跟鞋、為生第二胎準備的東西、放育嬰假期間的工作文件，以及暫時不會讀的書本……接下來一年應該不會用到的東西不必再仔細確認，直接塞進紙箱裡。

花十五分鐘左右塞滿一箱東西，夫妻一起動手收拾，只需要幾次就能完成。接著，搬到私人倉儲等外部空間、陽臺、公寓本身提供的倉儲服務，或是寄放在老家一年（嚴禁放置一輩子！），為暫時用不到的物品找到臨時安置處。

忙碌時，更要增加空間的留白

將家裡整理到乾淨清爽的程度時，便要設定目標以維持狀態。只要滿足下列兩點，就能稱得上是已經收拾過了。

- 再也沒有不物歸原位的東西。
- **收納空間保有兩成的留白**，且將所有物品分配到固定位置。

此外，關於上述第二點的留白——面臨生產等重大人生階段的時候，如果可以將留白的空間增加二至四成，無論平日多麼疲憊或忙碌，都能輕易維持居家環境整潔。

在所有的整理收納顧問當中，有很多人忙碌時會先暫時減少家中物品，並盡量做到減量至收納容量的五〇％。即使身為專業人士，當家中雜物一多，同樣也會覺得日常清理很麻煩。

圖表3-6　重大人生階段來臨前的整理法

● **趁還有心力時按照計畫執行**

2小時×10次

在月曆上標出實施日期

● **心有餘力不足時，分成兩階段實施**

暫時擺放

→ 搬到私人倉儲等外部收納空間

→ 老家

→ 公寓內的倉儲服務等

決定好要整理的日期

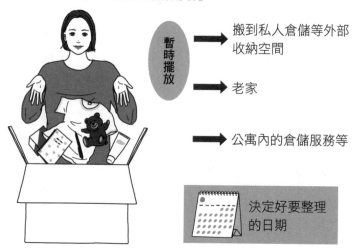

「家裡太小，挪不出空間了！」這種情況下若還將東西塞滿收納空間，那麼物品很快就會滿出來，甚至造成反效果。因此，暫時運用私人倉儲等外部收納服務，或是收進整理箱後擺在陽臺……花點錢打造出空間的留白時，從結果來看，可以節省許多整頓的工夫。

POINT!

趁著人生階段改變前做好減量，以減輕日後收納的負擔。

考慮換房之前，是不是應該先整理一下家裡？週末我會把小孩送到我媽那邊，到時候我們一起收拾吧！

14

東西堆好堆滿，不知從何下手

常見度 ★★★　立即實現度 ★★

廚房好髒！
到處都塞滿東西。

這棟房子的收納容量本就不夠，
搬去更大間的房子吧！

解決方法

依據基本整理流程，
設立簡單的目標。

運用助推理論，創造想立刻整理的機制

「反正生活還過得下去，對現況也沒什麼不滿。」話雖然這麼說，然而等到家裡變得亂七八糟後，又開始抱怨空間太小。當夫妻倆都是大而化之的個性時，很容易發生這種事。

建議這類家庭先挑選一個地方，試著將該處打理成沒有東西的清爽狀態。實際感受到空間留白的好處後，便會開始想要維持居家環境整潔。

不整理的原因往往不是因為個性，而是不知道該從何做起。不曉得怎麼收納，也沒體驗過完成後的效果，所以才會無法把心思放在這之上。

因此，為了打造出讓家人自動自發想整理的機制，就要活用助推理論（Nudge）。該理論是由二〇一七年榮獲諾貝爾經濟學獎的芝加哥大學布思商業學院的理查・塞勒（Richard Thaler）所提倡，意指在非強制的情況下促進他人自然行動的策略。[23]

助推理論認為，若想要讓人自主行動，滿足簡潔、簡單（Easy）、吸

引人的（Attractive）、社交性（Social）、及時性（Timely）這四大條件相當重要。並取這四個名詞的首字母稱為EAST。

舉一個較有名的實例，京都府為了減少丟在路邊不管的自行車，將「禁止停車」的招牌改成「自行車丟棄區」後，丟在該處的自行車自然而然減少了。

這裡以廚房為例，介紹該怎麼打造讓家人自動自發想整理的機制。

在這之前，請先回想前言提過的基本整理流程：第一，全部拿出來；第二，按照持有者與使用頻率分類；第三，分配空間＝決定好固定位置；第四，放回去（參照第二十五頁）。以廚房來說，其流程如下頁圖表3-7。

執行上述程序時，要邊活用EAST。

●步驟1：設定簡單的目標

開始整理之前，先設定簡單的目標。

人們幾乎每天都會用到廚房，不過空間卻相當有限。除非廚房相當寬

圖表3-7 廚房整理流程

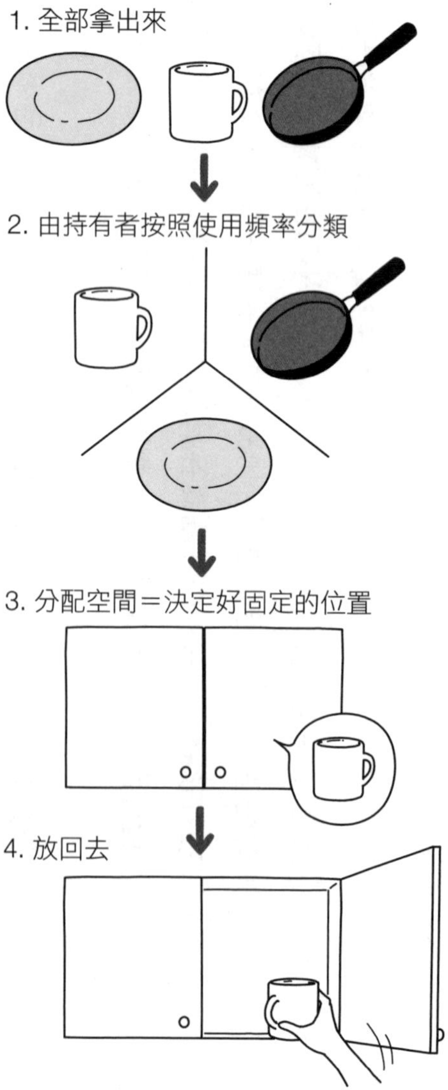
1. 全部拿出來
2. 由持有者按照使用頻率分類
3. 分配空間＝決定好固定的位置
4. 放回去

敞，不然應該避免使用家飾或收藏品占去寶貴範圍。這裡就以回歸預設值零的狀態為目標。

如字面所述，就是沒有任何東西擺在收納設備之外。剛搬進來時的狀態，可以稱作零。

● 步驟2：取出所有東西，按照使用頻率分類

只要連同架子上的東西全部取出即可。

廚房空間太狹窄，很難當場分門別類，建議先放進紙袋或籃子裡，並在客廳鋪上塑膠墊後，再把東西擺出來。

要整頓好廚房至少需要五至六個小時，所以請不要想著一口氣完成。而是採用今天整理餐具、明天打理食品貯存區等，針對特定的類別一一處理。

分類物品時的訣竅在於，打造出可以瞬間判斷的簡易基準。

如下頁圖表3-8所述，先依照主要使用者分類後，再根據最近使用頻率加以區分。

物品如何分類，基本上都要交由使用者本人決定，因此建議選在全家齊聚的時間點。這時，請不要以整套調味料、整套調理用品為單位，而是針對每個單一物品確認其使用頻率。

調味料與調理用品的分類鐵律：不要依照未來可能會用到的主觀想法，而是堅持以最近是否曾使用過的實際頻率去區分。

圖表3-8 按照使用者與使用頻率為廚房物品分類

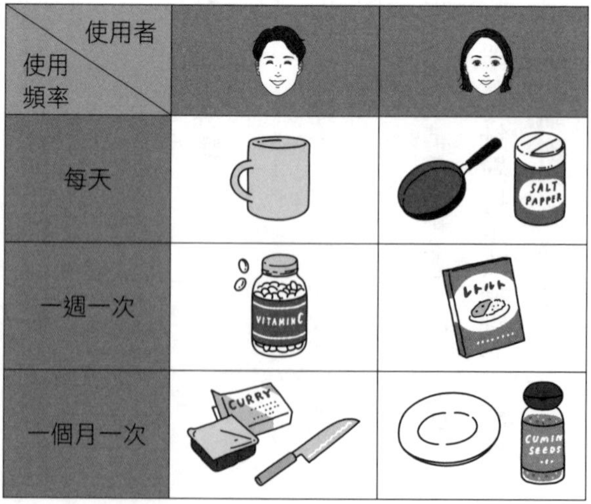

舉例來說，同樣裝在小瓶子裡的眾多調味料，咖哩粉很常用，然而孜然粉一個月卻只會用到一次，也就是說，即使種類相同，實際使用頻率仍會有所差異。使用頻率較低的辛香料，與其裝在時髦的小瓶子裡擺出來，不如裝進SS尺寸的塑膠夾鏈袋中，才能減少所占空間。

食材方面請依照食用場合分類。同時，也要確認有效期限，快要過期的東西可以先集中放在一起。

POINT!

不要試圖一口氣打理完，而是按照類別一一整頓。

今天先辦個整理廚房流理檯的活動吧！

就像到旅館一樣，感覺真新鮮！下週再辦一個廚房抽屜的清理活動吧！

〔不用這麼氣〕

最花時間的家務，就是煮飯

感嘆忙到沒時間整理的你，要不要嘗試一週都叫外送？

所有家事當中最花時間的正是煮飯。儘管近來流行省時料理，但是會消耗時間的可不只有料理而已。

二〇一二年全國農業共同組合中央會（JA全中）（按：負責對地方農協進行監督、指導並幫助其宣傳，而每個都道府縣也都有一個屬於自己地區的農協中央會）找來九百名二十到四十多歲的女性進行「平日晚餐料理調查」，結果發現平日做晚餐的平均時間為四十二分鐘。由於還伴隨著想菜單、外出採購、洗碗等家事，實際上耗費更多時間。如果一天要準備三餐，每天至少得花兩個小時在煮飯上。[24]

除了善用外食、冷凍料理與調理包之外，我也很推薦到府煮飯服務。

以日本派遣廚師平臺 SHAREDINE 為例，會有營養師或廚師上門。選擇任意搭配方案，一次花七千五百日圓左右（含交通費，食材費另計），製作四至五天份的家常菜。這時便能趁專家在做菜時，專注於居家清理。

訂下時間，專心整理！

如果花費較長時間收納，效果會顯著下降。所以，請訂好一天最多兩個小時，並在這段時間內專心整理。

只要花三十分鐘，就能打理好一層斗櫃或是任一抽屜。除此之外，也很推薦全家人邊計時邊收拾。請訂下趁在洗衣機運轉期間清理等規則，且在每天特定時間勤奮整頓吧。

預產期快到的人，可以將挪動家具等要出力的家務，交給家人或專案代辦服務，自己則專注在判斷使用頻率上。若孩子年紀還小，也可以先請父母或托兒所幫忙照顧兩小時，在這段時間內專心收納。

15

用完不收

常見度 ★★★　立即實現度 ★★★

櫃子都塞滿了。要把杯子放回去好麻煩，先丟在桌上好了。

為什麼拿出來都不收！

被我抓到第三次了，
記得買蛋糕給我！
怎麼這樣——！

解決方法

對忘記收的人略施薄懲。

要顧及取出與放回的方便性

接續前項（參照第一三七頁）。

●步驟3：決定好不會造成壓力的固定位置

依照頻率分類完畢後，要決定物品位置。要留意的是及時性，也就是使用後再放回去。使用頻率越高的東西，越要選擇好去處。最好只要一個動作就能毫無壓力取出，並伸手可及。

訪客用的大盤子、烤盤等一個月用不到一次的物件，未必要放在好拿的區域，可以選擇無法直接搆到的收納櫃上層，或是必須蹲下來拿取的廚具下層等。廚房空間有限時，也可以塞進箱子裡，與客用寢具一起放進儲藏室中。

一年用不到一次的物品，若會擋到頻繁使用的東西時，就成為家中亂七八糟的元凶。這時，建議收進儲藏室、賣掉或是送人。

只因為想盡量把東西留在廚房，就塞滿所有抽屜，反而會造成拿取與收納不便，並降低整理效率。若是將每天都要用的剪刀，放在一堆免洗筷中，便會懶得物歸原位，進而導致東西亂丟。

每天都會用到的東西，要善用吊掛、懸空、收在抽屜的VIP位置等祕技，且顧及平日拿出來後可以收回去的即時性（參照下頁圖表3-9）。使用者除了要記得放回原位外，也要發揮點巧思，方便哪天忘了收起來時，其他成員也能在幾秒內把物品收好。

●步驟4：設定遊戲規則預防用完不收

想要養成東西用完馬上回收的習慣，便要與家人討論出兼具吸引人、社交性的遊戲規則。

發現有物品用完不收時，請先壓抑不開心的情緒，默默把東西歸位。不過，切記要拍照當作忘記收的證據。

集滿三張證據就換一張紅牌，違規者必須接受做飯、請喝飲料等懲罰。

圖表3-9 頻繁使用的物品要採用吊掛、懸空收納

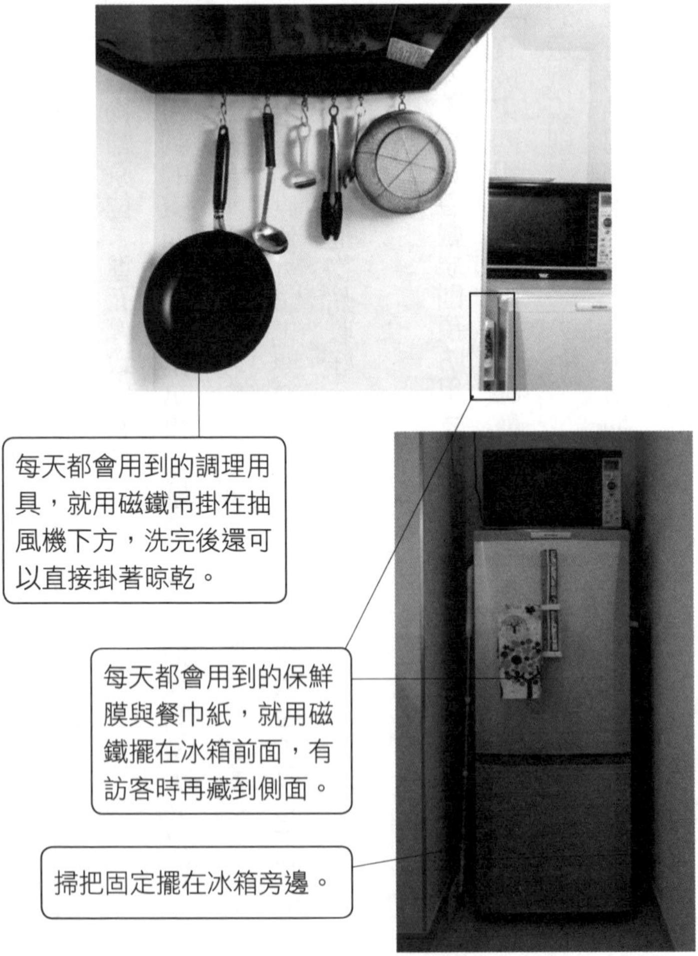
每天都會用到的調理用具，就用磁鐵吊掛在抽風機下方，洗完後還可以直接掛著晾乾。
每天都會用到的保鮮膜與餐巾紙，就用磁鐵擺在冰箱前面，有訪客時再藏到側面。
掃把固定擺在冰箱旁邊。

刻意打造出懲罰般的遊戲規則，並拍照當作證據的原因在於，不只是為了讓對方意識到自己的失誤。最重要的是，認真看待物品的固定位置。同一個人連續犯規時，很可能不是個性有問題，而是沒有好好為該物品選擇一個接近使用場所的固定地點。

對違規者來說，當前的擺放位置可能不好用或太狹窄，這時建議討論改善方案，例如：伴侶讓出自己的空間，或是用S型掛勾、吸盤……打造懸空式收納。如果因為東西過多導致收納空間塞太滿時，請一起重新檢視必要的數量。

「另一半正為了『歸零』而努力，我也該配合一下。」像這樣喚醒社交性的想法，就能夠讓同住一個屋簷下的成員們，自然而然留意到整理這件事。

●步驟5：藉由一塊抹布養成打掃習慣

最後，為了維持零的狀態，要設計出吸引人的機關。像是在廚房放一塊漂亮的抹布，自然而然就會想要隨時擦拭。

擦拭與打掃這類反覆動作，能促進腦內分泌荷爾蒙之一的血清素（Seretonin），使副交感神經占優勢，有助於提高放鬆、安定精神的效果。

二〇一五年，佛羅里達州立大學（Florida State University，簡稱FSU）針對專注洗碗加以研究。將五十一名大學生分成兩組，一組專心洗碗，另一組邊聽音樂邊洗，結果前者獲得了如同冥想般的效果，感受到的壓力程度也明顯降低。

事實上，微軟前執行長比爾．蓋茲（Bill Gates）與亞馬遜CEO傑夫．貝佐斯（Jeff Bezos）也都實踐了這件事。放空並擦拭廚房流理檯，就等於是在實踐正念。[25]

流暢擦拭空無一物的廚房流理檯，若能讓各位的內心感到舒服，不必特別制定規則，也會自然而然維持零的狀態。

POINT!

不能因略施薄懲而滿足，還要一起思考改善方法。

該怎麼做才能減輕物歸原位的負擔？
試著減少櫃子內的東西好了。

〔不用這麼氣〕

即使關係親近仍須建立規矩

「牽起夫妻之情是無償的愛。為了照顧對方而自動自發做家事，不索求回報。要互相體諒，由注意到的人先去做。」

儘管夫妻間有著充滿彈性的約定，但是實際上拿不到報酬的家務，總是由性格較認真的一方承擔，如此一來，也可能產生較多的不滿。

華盛頓大學（University of Washington）的心理學教授約翰．高特曼（John Gottaman）博士，花了十四年持續調查六百五十對夫婦，最後得出幸福的婚姻生活建立在夫妻的深刻友情的結論。換言之，必須先保有對伴侶的感謝、體貼以及尊重意見等維持友情的基礎，才能維繫夫妻之間的愛情。[26]

夫妻關係建立在家這個與外部隔離的範圍，且較訴諸於感知方面。

對夫妻生活感到不滿時，就請回頭思考最低限度的友情基礎是否還健在吧。

把自家當成共享辦公室

建議各位在整理時，參考有附設辦公空間、設備的企業，或是私人使用的共享辦公室。只要確實遵守各個物品的放置場所、倒垃圾的方法等細部規矩，辦公室就能流暢運作。

成員之間發生衝突時，經營者必須介入，再制定出更細緻、更嚴格的規則，以此預防衝突再度發生。

請各位仿效這樣的經營方法，寫出家中原本曖昧的規則與工作分擔。個人專有區與其他空間的界線在哪？打掃與補充備品的頻率是一週幾次？又該由誰負責？

即使是「收到宅急便後，馬上收進個人空間」、「鞋子脫下來後放進鞋櫃」、「雨傘乾了之後立刻收到傘架上」……只要覺得不妥，就要和家人討論、決定規則，並寫在筆記本共享，以此預防紛爭。

有小孩的家庭也不妨站在兒童的角度，製作出相關的原則簿。此外，若孩子制定出為了在家裡感到舒服的準則，大人也必須遵守才行。

在童年生活環境不同的情況下，夫妻出現價值觀差異也是理所當然的事。「只要夫妻相愛，就算沒有制定任何規矩，也能藉由絕佳的默契互相體諒」根本是在痴人說夢。

請不要用夫妻本是一心同體這種說法讓界線變得模糊，而是從若共享辦公室會怎麼處理的視角，制定家庭的運作機制。

第 4 章

客廳大改革，居家也能上班上課！

16

家人讓居家工作進度卡卡

常見度 ★★　　立即實現度 ★★

如果你今天居家工作，
就幫忙倒垃圾跟洗衣服！

我現在在工作，不要跟我說話！

徹底專注！！

解決方法

**將辦公桌設在不必在意
家人目光的場所。**

孩子太吵，不能居家工作？

我在前作《專注力UP！5分鐘居家辦公整理術》中，介紹了想要專心居家工作或是學習，並針對生活動線與桌子周遭的高效率整理法。

這本書很幸運的獲得許多人喜愛，不過我卻陸續收到類似的讀者感想：「我家孩子很吵，實在無法居家工作。」其他還有因為很在意家人或伴侶的存在，在家根本無法專心工作；或是即使很想努力，但家人不願意配合，所以沒辦法好好整頓家裡。

既然學會了理論，當然就要實踐看看。然而和家人同住，始終無法打造出符合自身理想的空間——這也是我很常收到的反饋。

家人或另一半應該會想要理解你的需求，並且陪伴你實現夢想或目標才對。因此，在此要介紹**使居家工作或學習的人能專注的客廳整理術**。

放眼全球，引進居家工作的企業有增加趨勢，不過日本卻有很多不擅長在家工作的人。

二〇二一年奧多比股份有限公司（ADBE-Adobe Inc.）針對七個國家的商務人士進行全球未來工作方法的調查。結果在美國、紐西蘭、澳洲、法國、英國的商務人士中，約有七成的人回答：「居家工作比到辦公室工作還要順利。」然而，卻只有四成左右的日本人表示認同。

接受調查的國家中，只有日本認為在辦公室上班比較有效率。[27]

圖表4-1 居家工作比到辦公室還要順利？

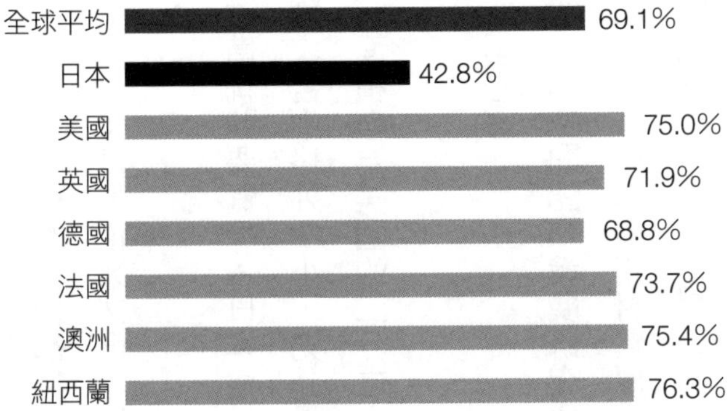
全球平均 69.1%
日本 42.8%
美國 75.0%
英國 71.9%
德國 68.8%
法國 73.7%
澳洲 75.4%
紐西蘭 76.3%

資料來源：奧多比股份有限公司的「全球未來工作方法的調查」。

缺乏個人空間的日本住宅

我想主要原因包括文件尚未完全電子化、無論什麼樣的工作都無法自行裁斷，必須等待主管下達指令等的數位化不足，與日本企業文化，但其實狹窄的住宅也是妨礙居家工作的原因之一。

根據《二〇一五／一六年版建材、住宅設備統計要覽》（日本建材、住宅設備庫存協會）所示，日本住宅在先進國家當中格外窄小，尤其是關東大都市圈的租賃住宅，平均每人的住宅地板面積僅為美國的三分之一、德國的二分之一（參照左頁圖表4-2）。[28]

除了寬敞度以外，格局也會對居家工作產生影響。

依照《活在空間中——空間日的發展研究》（空間認知發展研究會，一九九五年）所述，德國人重視家庭間的隱私保護，所以會用材質厚重的門做出確實的區隔。然而，日本在二十世紀前都將整棟住宅視為同一空間，因此僅用木質或紙質拉門切割空間。

如果家庭內的個體意識薄弱，將反映在這些未確實劃分出獨立房間的格局上。

現代住宅在西式與日式傳統住宅之間取了平衡，雖然有獨立的兒童房，不過整棟住宅依然相當狹窄，不足以讓每位家庭成員都擁有自己的房間。

另外，也有下列煩惱：

「只有兒童房設有書桌，雙親則在餐桌上工作。然而擁有書桌的兒童，卻因為上學或才藝班而幾乎不在家，使

圖表4-2　平均每人住宅地板面積的國際比較（壁芯面積）

〔按：日本的建築基準法中，以雙邊牆壁的中心起算，所計算出的室內面積換算值〕

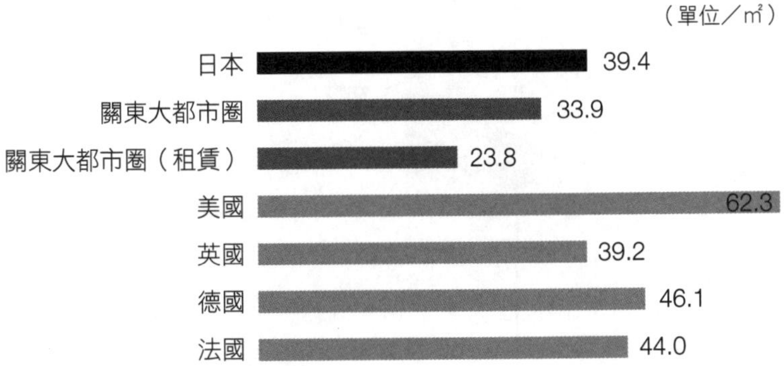
（單位／㎡）
日本 39.4
關東大都市圈 33.9
關東大都市圈（租賃） 23.8
美國 62.3
英國 39.2
德國 46.1
法國 44.0

資料來源：《2015／16年版建材、住宅設備統計要覽》（日本建材、住宅設備庫存協會）。

書桌淪為放書包或教科書的場所。」

不希望他人隨意進入的範圍稱之為個人空間。其形狀與寬敞度因人而異，也會隨著與他人之間的關係而伸縮。

夜晚放鬆的時間或假日，並不會在意家人的存在，到了居家工作時，便會覺得不舒服。

〈著眼於個人空間的空間設計方法論〉（東一秀繁，二〇〇六

圖表4-3 男女的個人空間差異

（單位／m）

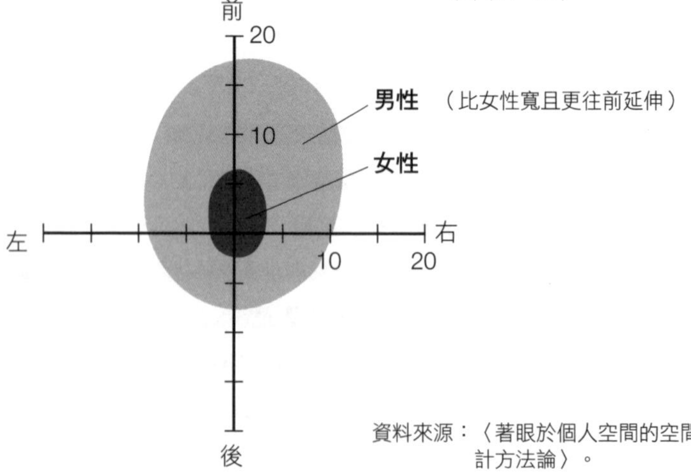
前
20
10
男性
（比女性寬且更往前延伸）
女性
左
右
10
20
後

資料來源：〈著眼於個人空間的空間設計方法論〉。

年）中提到，將接受實驗的人分成兩組，一組成員會以八十公分的間隔面對面執行個人作業，另一組則為一百五十公分，結果後者比較專注，其成果也較為正確。[29]

從性別差異來看，男性的個人空間屬於橢圓形，且會朝前方延伸，因此專注的祕訣就在於，工作期間視野內不能有人。這時，若夫妻倆隔著餐桌面對面工作，自然就很難專心辦公（參照右頁圖表4-3）。

最理想的配置就是坐在不會看到彼此（目光不要交會）的場所，並且擁有各自專用的桌椅。只要不對視，就算身處同一個空間、並排坐也沒問題（參照下頁圖表4-4）。

POINT!

一起找出避免對到眼，讓雙方工作都順利的位置。

在客廳工作時，面對面坐著會緊張，也會忍不住閒聊，沒辦法專心工作，讓我們並排坐著，中間加設一面屏風吧？

圖表4-4　實現彼此都舒適的居家工作環境

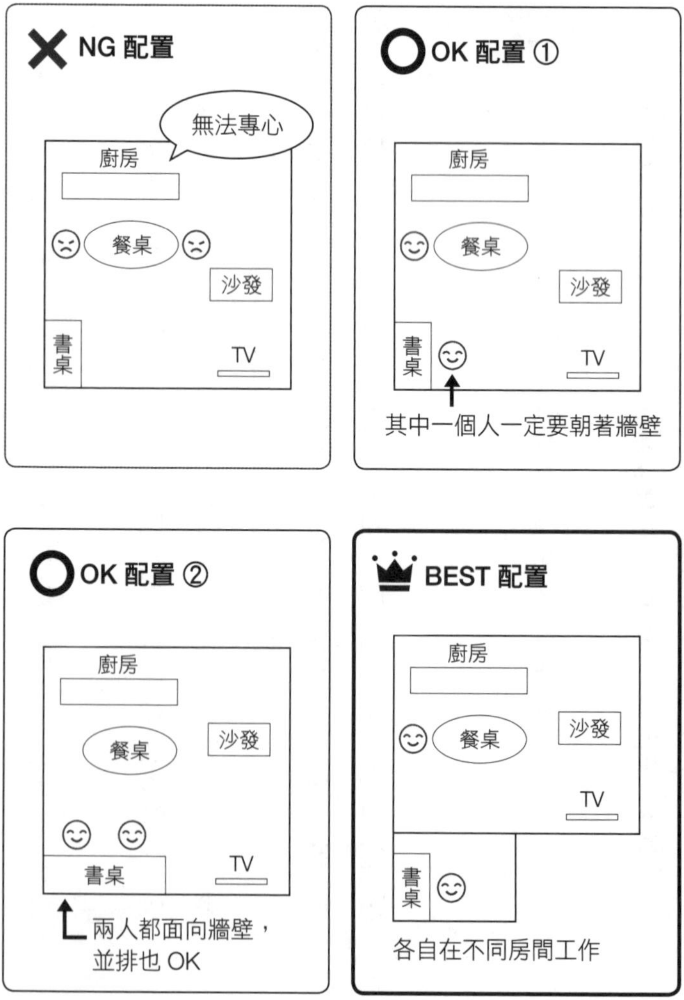

17

父母沒地方工作，孩子沒地方讀書

常見度 ★　　　立即實現度 ★

為孩子準備讀書空間後，
我就沒有地方工作了！

這也沒辦法啊，你還是去公司吧！

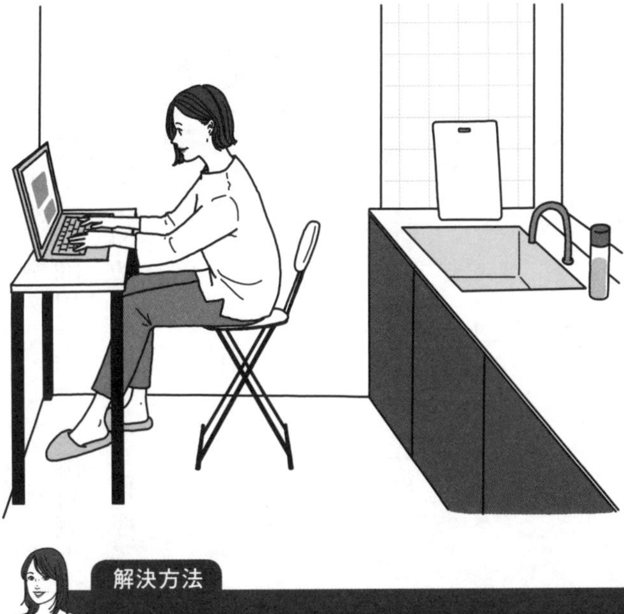

解決方法

將家中的隱藏版空間改造成書房。

善用陽臺或步入式衣帽間

各位或許會想：「除非搬到更大的房子，否則根本不可能擁有個人書房！」事實上，只要挪得出〇．五坪的空間，並放一張桌子、一把椅子就能組成個人書房，家中每個地方都辦得到。

只要桌子高度適合，即使空間較窄、較淺也尚可忍耐。

以下介紹幾個有機會騰出空間的點子：

- 在客廳角落擺設桌子＋地毯（或屏風），明確劃分出個人空間。
- 在臥室床邊設置摺疊桌，以床代替椅子。
- 在走廊等角落設置摺疊桌椅。
- 拆掉櫥櫃或步入式衣帽間的架子後，打造成書桌區。
- 清掉塵封已久的家具或家電，設置專用工作室。
- 在陽臺設置摺疊桌椅。

此外，去更衣室講電話、利用廚房中島開遠端會議等，只要視需求更換位置，還能兼顧節省空間的功能，可謂一石二鳥。

切割出自己的工作區塊後，也別忘了要求家人不要任意踏進：「我想要專心工作，所以請不要進入這個範圍。」（張貼告示或者標記號）。

當小孩不用桌椅時，可以先借父母暫用。不要想著「我現在沒辦法在這

圖表4-5　鋪設地毯打造出「個人聖域」

棟房子內工作！」而放棄，想辦法打造出不會受家人干擾的空間，就能表現得像在職場一樣優秀。

POINT!

開視訊會議或打電話時，前往沒人的獨立空間。

我在這塊地毯工作時，代表我很專心執行個人業務，請不要跟我說話喔。

了解，我也差不多要開視訊會議了，先去臥室書桌那邊囉。

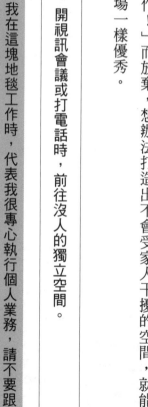

18

餐桌雜亂無章

常見度 ★★★　立即實現度 ★★★

我得製作企劃書了。
喂！不要把玩具放在這裡！

你昨天看的報紙沒收，
也妨礙到我了啊！

解決方法

暫時打造出零的狀態。

讓桌上維持零的狀態

如果在餐桌上辦公，每次吃飯時，就得把電腦與文件挪到旁邊，用完餐後還得在調味罐旁繼續工作。孩子學校的重要通知單與未拆信件等不能忘記的東西，也通通堆在桌上……。

各位是否發現原本用來吃飯的餐桌，不知不覺間已經變得雜亂了呢？**餐桌之所以會亂七八糟，並非太懶東西用完不收，而是餐桌附近的收納空間不足。**

像餐巾紙或調味罐等每天都會用到的物品，不應該固定擺在桌面上。可以在桌邊設置三層櫃，並放置收納籃，或是在牆壁上釘架子等，打造出一個動作就能拿取或收起的固定位置（參照下一小節）。

若餐桌旁的收納櫃已經塞滿文件或食品，請先將所有雜物放進紙袋中，創造出零的狀態。

接著，再花一週分辨使用頻率很高的東西，以及只是放著卻幾乎沒用到的東西。

即使同屬調味罐，使用頻率也大不同。例如：胡椒每天都會用到，辣油一週卻用不到一次……工具與文件等工作用品，當然也是如此。請不要將所有物品全部集中在相同地點，確實照頻率找到適當的擺放位置。

POINT!

抱怨之前，先試著減量以擠出空間。

我接下來必須製作企劃書，所以先把桌面清空了喔。

19

即使收拾好桌面，還是馬上亂掉

常見度 ★★★　立即實現度 ★★

我昨天才整理而已，結果你又把電動丟在這裡。這臺筆電也是你的吧？

好啦好啦，我正準備要收。

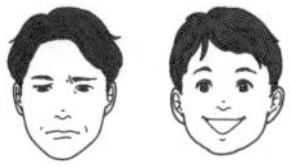

解決方法

個人工作用品收在個人置物櫃，共享用品則放置在公共置物櫃。

打造個人置物櫃

各位或許會想：「每天都已經那麼忙了，還叫我要用東西的時候順便整理，根本不切實際。」但若在家裡能運用沒有固定座位的辦公室或共享辦公室的規則，每天自然就會從清空桌面開始。

沒有固定座位的職場中，最不可或缺的就是個人置物櫃。員工們上班後，會從置物櫃拿出自身用品，接著帶到座位上開始工作。

為了方便職員一口氣把需要的東西搬到座位上，很多公司都會提供收納筆電、變壓器與文件的行動收納箱。工作完之後，把桌上的用品放進置物櫃，再把桌面擦乾淨就可以下班了。

自家的桌子也能套用相同概念。

各位家中是否有像公司個人置物櫃一樣，專門收納工作用品的空間？以私人住宅而言，三層櫃或書櫃的其中一層具有與公司個人置物櫃相當的容量。這時請不要直接將工作用品放進去，而是收進籃子或盒子，方便輕易從桌上移到櫃子裡。

舉例來說，如果每天母子倆都要用餐桌工作與讀書，可以在餐桌旁擺放三層櫃，並依照第一層：吃飯要用的調味罐與餐巾紙、第二層：孩子的讀書用具、第三層：媽媽的工作用品等分配空間。

若因格局限制，而無法在餐桌旁放三層櫃，可以為每位家庭成員購買行動收納箱，並吊掛在走廊或衣櫃。

其中，最具代表性的行

圖表4-6　活用三層櫃的範例

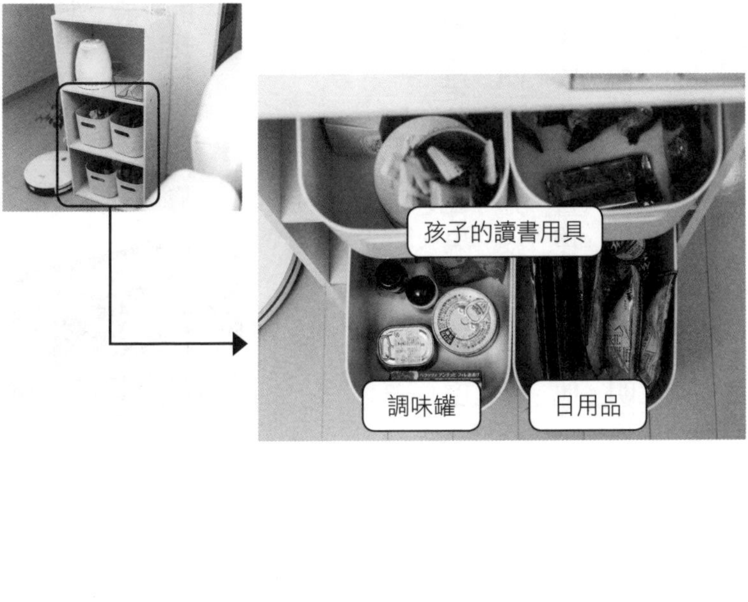

動收納箱，是國譽集團（KOKUYO）推出的Mo Bako Up系列。有許多企業引進，並用來存放與搬運筆電、文件、滑鼠、變壓器，相當方便。一般人可以透過文具店或網路商店購買，也可以用較大的托特包或露營包代替。

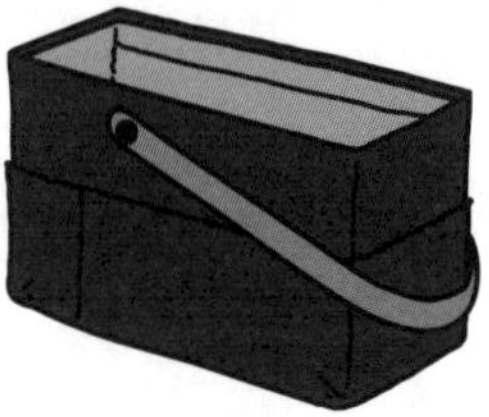

設置公共置物櫃

無固定座位的職場中，另一項不可或缺的就是**共用文件與文具放置處**。

一般個人置物櫃會設計成長九十公分、寬四十五公分、高三十五公分至四十公分的規格。如果連共用文件與文具都收在個人置物櫃裡，其他人就不能使用，置物櫃也會很快就滿了。因此，像釘書機、打洞機與透明資料夾等共用品項，請不要當成私人用品使用，而是放在公共置物櫃。

但是，公共置物櫃同樣要避免塞得太滿，或是一口氣塞進多種類型的物品，否則有需要時會找不到東西。為了能一眼看出東西放在哪裡，請在抽屜上貼上「剪刀」、「膠帶」等標籤貼紙，收納時，也要保有方便拿取與放置的留白空間。

創造暫放處

除了個人置物櫃與公共置物櫃之外，若能再增設趕時間時可以先丟著的暫放處，如此一來，即使忙碌也可以保持桌面整潔。

仿效圖書館還書櫃，等有空時再放回原位。

圖表4-7　內外都要有個人置物櫃

圖表4-8 替老是亂丟在桌上的物品，找到固定位置

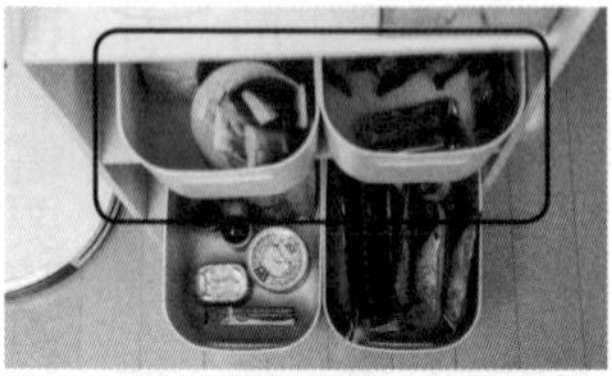

- **工作用品、用具**

頻繁使用的東西收進個人置物櫃，使用頻率較低的物品則收到衣櫃或是其他個人空間。

- **文具、遙控器、指甲剪**

在桌腳或門板等具有磁吸力的地方，設置可吊掛文具的收納設施。

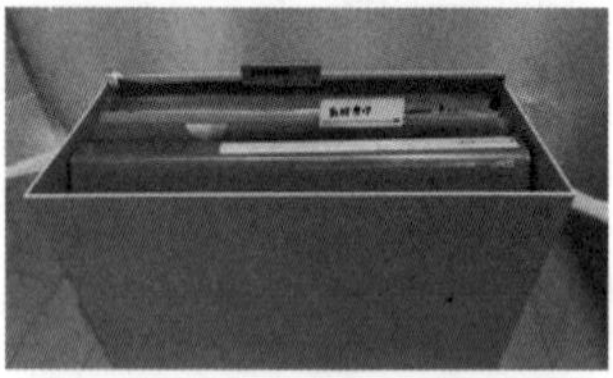

- **重要文件**

必須保存的文件，要好好放進資料夾，然後收在衣櫃或個人空間。

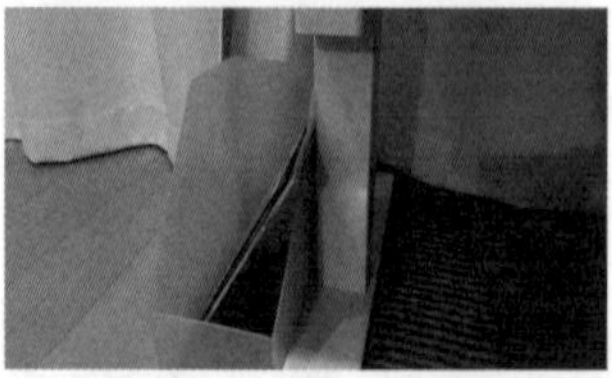

- **不必留的紙類（雜誌、報紙、傳單）**

這類紙張不必分類，直接放進箱子裡即可。

- **調味料、還沒吃完的零食**

放在廚房或餐廳較顯眼的位置，根據有效期限分別收在不同收納籃。

舉例來說，餐桌旁的架子上若已放置相框或家飾，請先移到暫時收納籃。桌上出現不確定主人的物品，或是趕著要做事情時，發現有人東西忘記收拾，也先暫時挪到那裡。

然而，即使清空桌面，只要沒有為物品決定好固定位置，物品之後還是會反覆出現在桌面上，甚至變得更亂。所以，有空時就要為容易丟在桌面的東西找到固定去處。

POINT!

與其找犯人，不如先物歸原位。

這東西不知道是誰拿出來的，總之先放進公共置物櫃吧。

20

總有用不完的文具組

常見度 ★★　　立即實現度 ★★★

我想不起來原子筆放在哪，
只好再多買幾支了。

咦？肯定是落在某個地方吧？
妳之前不是才剛買？

解決方法

各場所只擺放一組文具。

僅保留一個月內會用到的文具

筆與透明資料夾是不是已經多到滿出來了呢？便條紙與筆記本是否也堆積如山了呢？對此有概念的各位，請將全家人的文具用品都拿到客廳後，算算看吧。前面第六十三頁曾提過，食品與日用品的防災儲備量應為兩週，文具用品也請保有兩到四週可用完的量。

舉例來說，客廳放了十支原子筆太多了。不妨各放一支在車上、玄關、公事包與冰箱旁等會用到筆的地方，其他統一收在文具用品放置處，在用完這些庫存之前不再添購新的。

剪刀與釘書機等非消耗品，只要各放一把在會用到的地方即可。較占空間的板夾也是，若在公司或學校都用不到，請直接捨棄。

文件最不占空間的存放方法，就是在透明資料夾上貼好標籤紙後收起來。有在蒐集筆或紙膠帶的人，請將其視為個人興趣，收在個人空間而非共用置物櫃。

文具用品與備品都要集中管理

日本電產（按：尼得科的舊名，是一家總部位於日本京都的電機公司）CEO永守重信會長收購企業後的第一步是整頓該企業。[30]

他在收購三協精機製作所時，曾隨機要求該公司職員打開抽屜，結果竟然發現了三千個文件夾，以及一千支以上的筆與夾子。

爾後，便將這些文具用品及備品集中管理，成功將每個月的文具用品購買費用壓縮到十分之一以下。

自宅的做法亦同。將全家人的文具用品都拿到客廳時，或許會發現數量龐大的原子筆。這時，請集中放在公共文具用品區，並想辦法控制數量。

POINT!

加買前，先檢視文具用品區的庫存。

我記得廚房與玄關各有一支原子筆，庫存也很夠，所以現在還不用買。

啊，口紅膠用完了，標示在白板上，並記得補充。

21

好麻煩，不想整理文件

常見度 ★★★　立即實現度 ★

分類信件與文件很麻煩，
先擺在桌上吧。

你有收到我的信件嗎？
然後我也找不到要交給公司的文件！

解決方法

**每兩個月舉辦一次，
全家一起整理文件。**

整理紙類同時也能整理心情

郵件與文件若不留心處理，就會像滾雪球般越積越多，不僅會剝奪家中的收納空間，還有礙觀瞻。

請先將文件縮減至最低限度，接著分成需要與不需要兩種，並養成即時處理的習慣。

實際情況依文件量而有所差異，不過，**整理文件所需時間，除了第一次分類時需要三小時左右，第二次之後的定期檢視只要一個小時就夠了。**請將其視為全家一起進行的活動，且每兩個月舉辦一次。

首先，把紙類全都收進紙袋，並拿到客廳。搬家時收到的住宅相關文件、手機門號契約等文件，容易占據收納空間，要特別留意。

適度整頓與處理紙類，不僅能提升家裡的收納能量，還有助於梳理自己的思緒與心情，讓全家都能以更積極的態度過生活。因此，不要將其視為麻煩事，請務必嘗試看看。

將紙類分成四種

把紙類集中在一起後，要一張張分類。其中最麻煩的是，把「回憶」與「實用性」混為一談。

以孩子的學校考卷為例。除了有當作學習紀錄的實用功能外，也想把好成績留做紀念。因此，在收拾紙類時，請分成以下四種。

1. 必須處理：須拿出正本的類型（學校作業、給政府的申請書）。
2. 必須保存：必須保存正本的類型（家電保證書、戶籍謄本、租賃契約書）。
3. 參考資料：紙本具有參考價值的類型（講座資料、學校通知單）。
4. 回憶：不想丟掉、不想忘記的類型（信紙、照片、成績單）。

第二種與第三種的關鍵在於，是否必須保留正本。雖然有拿到紙本，但若能改用數位保存，就歸類為第三種。

例如，家電說明書的最後一頁是保證書，可以剪下封面與保證書後，收進資料夾中。若可透過網路取得其他頁的資訊，還可以直接丟掉。

第四種可剪下與回憶有關的部分後，保存在透明資料夾中（不要放在較厚的相簿或是收納盒）。此

圖表4-5　整理紙類的基準

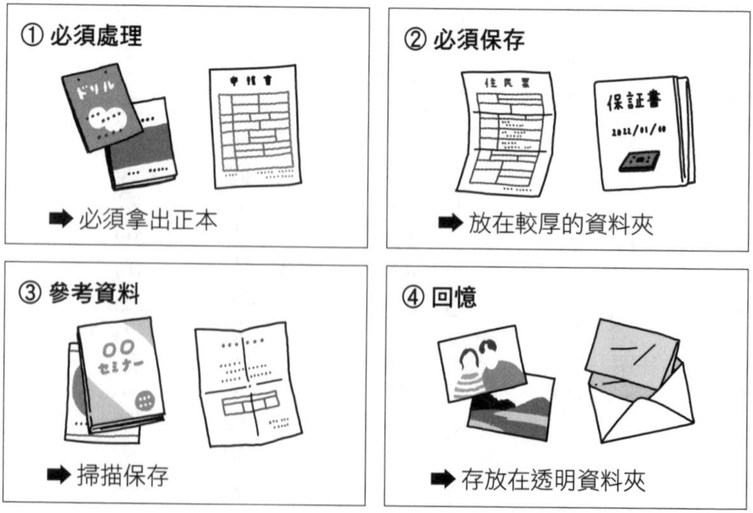
① 必須處理
ドリル
申請書
➡ 必須拿出正本
② 必須保存
住民票
保証書
2022/01/00
➡ 放在較厚的資料夾
③ 參考資料
OO
セミナー
➡ 掃描保存
④ 回憶
➡ 存放在透明資料夾

外，也要定期重新檢視，確認是否還對這些物品感到留戀。

不屬於上述這四類的紙類，請直接丟棄。與公事有關的重要文件，要想辦法拿出這個家，例如：放在公司的置物櫃或保管庫、掃描成電子檔、運用外部收納服務……。

POINT!

要想「可以製成電子檔嗎？」而不是「可以丟掉嗎？」

這份文件打算交給公所嗎？還是掃描起來存放就可以了？

22

信件、通知單混一塊，過期才發現

常見度 ★★★　立即實現度 ★★

公寓的住戶大會通知單已經過期了！
為什麼沒有及時告訴我？

餐桌上一堆信件，我根本沒發現。

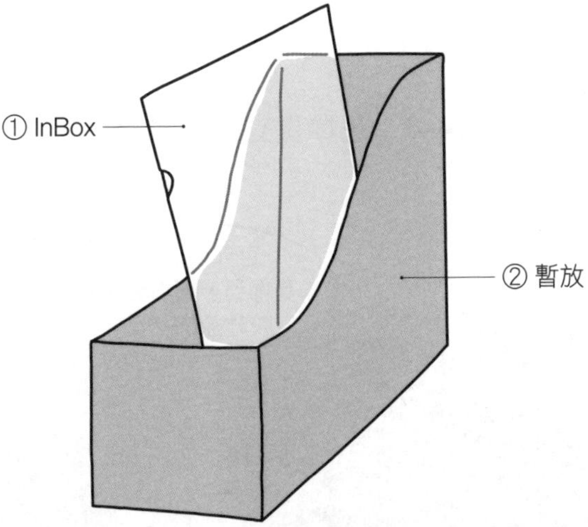

解決方法

為全家人購買透明資料夾（①）以及斜口檔案盒（②）。

全家文件可分成三階段整理

找不到要用的文件，多半是因為將不同用途的紙類都混在一起所致。若能為每位成員設置**InBox**、**暫放**、**保留**這三種類別的資料夾，管理起來會輕鬆許多。

請選擇觸手可及的場所，當作擺放文件的固定位置，像是玄關或客廳的收納架、廚房中島或餐具櫃、書桌旁等，並在該處放置能輕易拿取與收起

圖表4-6　選擇直立式收納盒

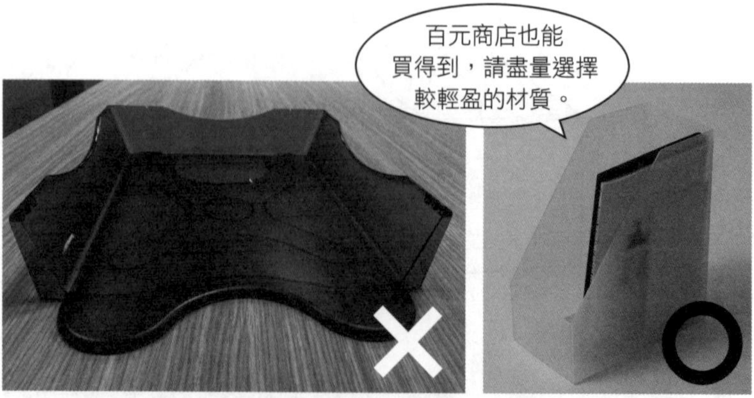
百元商店也能
買得到，請盡量選擇
較輕盈的材質。

的開放式收納盒，也就是斜口檔案盒（參照右頁圖表4-6）。

市面上也有平放式文件架，但因很占空間，所以不適合家用。**直立收納優於平放收納，是家用收納的基本**。

按照人數準備有顏色的透明資料夾後，放進開放式收納盒中（觀光區發送的紀念品或印有吉祥物的資料夾皆可），並貼上標籤以利分辨。這時，請不要共用，務必各別使用。

有顏色的透明資料夾就是InBox。要交給家人的郵件、文件等，都暫時放在這裡。接著，請每天檢查一次內容物。最理想的做法是立刻掃描或者丟掉，然而忙碌

圖表4-7　保留用收納盒要選直立式的

時，可將其先挪到暫放用收納盒，等有空時再仔細確認。

確認過後，將必須保留正本文件歸類至保留用資料夾。不需要的請直接丟掉、掃描或拍照以縮減體積。這時保留下來的文件，由於平常不太會用到，因此可以放在箱形文件盒，並收進衣櫃中。

雖然百元商店也有在賣類似的文件盒，不過，若能找到像上頁圖表4-7一樣的商品，放進衣櫃時也能便於立起。這與追求好拿好放的InBox或暫放用收納盒不同的是，它可以放在儲藏室的上層或下層角落等難以伸手碰到的畸零空間。

善用網路提醒功能

「文件如果不放在看得見的地方，就會忘記處理。」有這類困擾的人，建議善用網路的任務管理工具或提醒功能，且每週處理一次。

搬家或報稅等重大事項，使用Trello（按：是一款能管理專案、規畫時

圖表4-8　按照成員分類文件的流程

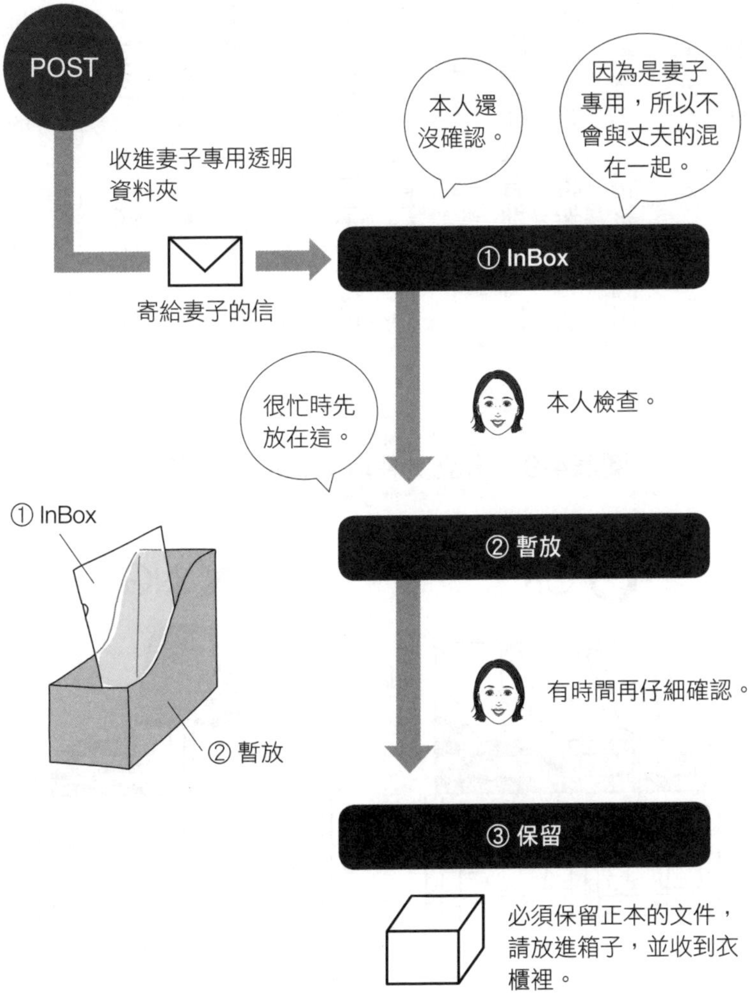

程、安排任務的雲端工具）或Excel，會很方便；日常小事則可以選擇LINE的提醒功能，運用不同工具做出適度搭配。

只要把提醒功能設置家裡的聊天群組，就可以向家人發送通知，像是：「明天是丟大型垃圾的日子！」、「今天是公寓住戶大會的報名截止日。」

若客廳實在沒有地方可以擺放文件盒，請先將架上的家飾收進儲藏室，並將該空間用來放置文件盒。

專程將郵件等送到每個人

圖表4-9 直立文件收納盒的配置範例

的房間是一件麻煩事，因此須將文件盒放在玄關至客廳的動線上，讓每個人都能快速找到自己的物件。

相較於家飾與堆積如山的文件混雜在一起，井然有序的文件盒更能讓客廳顯得清爽。

POINT!

善用直立文件收納盒、斜口檔案盒管理文書類物品。

信箱有信，但是老婆正在上班，我先放進 InBox。

我回來了！確認一下 InBox。啊，有媽媽寄來的信耶！老公，謝謝你！

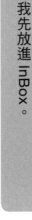

㉓

找不到電腦裡存放的檔案

常見度 ★　　　　立即實現度 ★★

我找不到之前掃描的文件！

都是因為妳沒有為檔案命名，
才會用檢索也找不出來。

整理 → 使用

解決方法

邊整理共用資料夾邊工作。

運用雲端儲存服務

很容易忘記電子檔放在哪裡的人，必須先整理電腦裡的資料。USB會有搞丟的風險，請運用Dropbox等雲端儲存服務，能從電腦或手機登入檢視，也便於家人之間共享檔案。

以學校的供餐菜單為例，比起貼在冰箱上，若能用手機檢視，在超市構思晚餐內容時，還可以拿來做參考。只要設定全家人都有權限閱覽的資料夾，那麼伴侶與孩子都能一同觀看。

在玄關或客廳入口附近設置連接Dropbox的掃描機，可以養成立即掃描的習慣。我家就選用了小型掃描機ScanSnap（參照左頁圖表4-10）。

不擅長管理電腦檔案的人，在統整私生活的文件時，也請運用職場的電子檔整理方法。雖說管理工作檔案因公司而異，我採用的方法是不放置任何檔案在電腦資料夾。

電腦桌面或資料夾，只須放頻繁使用的捷徑，即使檔案還沒完成，也能直接在公檔上製作。

不要先製作檔案，而是養成邊統整邊工作的習慣。不僅有助於業務交接，自己也不用花那麼多時間尋找文件。

假如分散檔案的存放位置，會導致搜尋時間增加，請用共用資料夾管理所有檔案，將重要信件、手寫筆記與通知等都化為PDF，並收入資料夾中。

以下將介紹任誰都

圖表4-10　作者放在客廳的小型掃描機

照片提供：karimoku 家具。

能輕易看懂的資料夾整理法。

若你沒有做好文件管理，總是花很多時間在尋找檔案，請把握這個學習機會，重新檢視自己的方法後，運用在家庭中。

委託他人幫忙時，不要將檔案完全丟出去，可以透過共用資料夾檢視，大幅縮短作業時間。

1. 一個資料夾一個內容

如果同一個資料夾參雜多種資訊，每次打開時便要花時間查找。因此，建議在資料夾中進一步設置資料夾以做好分類。

2. 資料夾名稱要編號

要從眾多資料夾中找到目標檔案，會帶來不小的壓力。所以請按照「01內部會議」、「02 From 廠商」、「03年度預算」等，在資料夾名稱的前方按照優先順序編號，較容易找到目標檔案。

按照這種做法保存合約時，很容易一口氣增加大量資料夾，這時不妨直接標出第一個字的英文字母或羅馬拼音，例如「P-PHP 研究所」，如此一來，便能按照英文順序排序，相當方便。

3. 老舊檔案放進封存（archive）資料夾

與多人共用 Excel 檔案與大型文書檔案時，經過數度更新後會失去舊有版本，遇到想恢復時就會比較不方便，甚至可能造成檔案遺失。

但若將新舊版本並列在一起，會逐漸分不清楚哪一個才是最新的，**所以除了最新檔案以外，通通收進封存資料夾。**

4. 資料夾與檔案名稱要留意MECE原則（不重不漏）

各位是否曾有過以下經驗？在共享資料夾分類檔案時，若使用「重要」、「七月十日會議資料」、「作業用（田中）」、「廠商〇〇產業」等不規則的命名法，會逐漸搞不清楚什麼檔案放在什麼樣的資料夾。

如果不能光看資料夾名稱確認內容，團隊夥伴便無法掌握檔案位置，有時甚至連自己也會找不到。

因此，在為資料夾命名的時候，要以丟給ＡＩ找也不會錯為原則。以公司內部資料為例，請先依照「二〇二〇年以前」、「二〇二一年」、「二〇二二年」分類，接著，再按照會議日期與內容製作資料夾。

檔名若是採用「事業計畫／田中作業中／最終版／其二／重要！」這種主觀命名法，會造成混亂。整個團隊必須採用統一格式，例如：一律用「檔案名稱　要使用的會議名稱　製作日期」，以節省許多工夫。

POINT!

家人間共享資訊，須使用易懂的資料夾名稱。

之前露營的照片都放在全家共享的出遊資料夾中，老婆妳也可以把妳拍的照片傳到裡面！

（不用這麼氣）

不要強迫家人丟書

在物品整理中難度最高的品項之一就是書本。

按照使用頻率分類雖是整理鐵則，然而書籍根本無從判斷。因為工作性質需要很多書，或是想過著被書本環繞的生活……很多人的生活根基就是書籍。

事實上，**我家雖然有許多紙本書，卻沒有書櫃**。

我對珍惜實體書並沒有異議，卻對使用書櫃管理書本抱持疑問。而且，我認為一本書都不必丟，只要丟掉書櫃便足以達到整理房間的效果。

亨利．佩特羅斯基（Henry Petroski）的著作《書架：閱讀的起點》（*The Book on the Bookshelf*）曾提到，書本的存放方式自古以來五花八門，包括「用鍊條綁起來」、「用繩子綁在讀書臺上」、「鎖在箱子裡」

等，隨著中世紀印刷術發展，才開始像現在這樣放在書櫃上保存。隨著家用書櫃普及化，書商為了增加銷售量，運用一項心理策略——若人們也用書櫃存放書本，就會試圖想塞滿。

確實，在書店或圖書館選書時，或是想向訪客展示自己的收藏時，能一眼看見所有書脊的書櫃相當方便。然而書櫃對日本住宅來說，算是高度偏高、不容易觸摸的家具，儘管擺在起居空間內，平常會摸到的部分不過幾％而已。

如果是足以擺設大型家具的寬敞住宅就無所謂，但是對於居住空間有限的日本住宅而言，將所有書本陳列出來的收納方法相當奢侈。

此外，地震時，書櫃容易倒塌，因此為了避免被壓到，擺放的位置也會有所限制。而且書本容易積灰塵，擺在高處的書還會直接受到日光燈的照射，紙張逐漸劣化。

從視覺刺激與空間裝飾的觀點來看，書背的文字與色彩資訊量過大，每次經過書櫃時都會被其吸引，有礙居家工作的專注以及放鬆時光的療癒。

書籍持有者或許會認為：「不，光是看到書本就很開心。」不過，站在對書沒興趣的家人角度而言，那些不過只是既五顏六色，又會帶來壓迫感的紙塊。

將書本分開放置

我認為，如果珍惜書本，就不應該塞滿書櫃，而是要分散放在適當的場所，不會馬上閱讀的書請收進有蓋子的收納箱。

短時間內不會閱讀的書，可以按照儲藏室大小，選擇尺寸剛好的塑膠抽屜櫃收納，如此一來，不僅比書櫃還要省空間，還能避免灰塵與日晒（參照下圖）。若要長期保管，建議放入乾燥劑也比較安心。

我會像衣物換季一樣，把現在要讀的書擺在餐桌旁的置物櫃、廚房、浴室及玄關，且用書立架立起。

擺在浴室的書本，可以在泡澡時隨手拿來看；放在廚房的書，能趁燉煮料理的十分鐘閱讀；擺放在玄關的書籍，則方便外出時順手拿走。讀完後不會再看的書，請拿去與儲藏室抽屜櫃裡的藏書交換。

這種定期更換書本的作法，如同策展一樣，對閱讀愛好者來說，是相當愉快的時光。

如果儲藏室裡沒有空間可以放書，麻煩仔細檢查衣物與書本等，若有不需要的便處理掉，試著努力擠出空間。假如仍騰不出空間時，請善用私人倉儲等外部收納服務、捐給圖書館或公司、送或借給朋友、拿到跳蚤市場販賣等，透過丟棄以外的方式挪出家中。

特別建議處理掉會勾起特殊情結的書本。

例如：準備托福考試（TOEFL）卻失敗，導致家中堆滿大量英文教材時，可能會產生「如果丟掉這些書本就學不好英文，無法原諒輕易放棄的自己」的恐懼，進而不敢處理。然而，這些書籍不僅占空間，每次看到封面時便會感到自我厭惡。

參考書與商務書籍等在二手市場的流通率很高，無論是賣掉還是買回來都很簡單。以我個人的經驗來說，大學時代用三千日圓買來的統計學教科書，畢業時拿到 Mercari 二手平臺，並以一千日圓賣掉。結果出社會後，再度用一千六百日圓買下，遇到挫折時，則以一千兩百日圓賣掉——一本書就這樣在我家反覆進出。

而且隨著買賣時機的變動，有時賣價會高於買價，與其把會造成特殊情結的書本放在家中，不如儘早賣掉，等哪天有心想學習時再買回來，心情也會比較輕鬆。

別要求家人丟書，而是請對方更動配置

伴侶很喜歡書本的時候，說出：「為什麼要買那麼多書？這些幾乎都

沒讀過吧？」會傷害家人那顆愛書的心。

然而，考量到家中格局與打掃的方便性，書櫃越小，全家人能用的空間就越寬。大型書櫃會占據〇．五坪以上的面積，只要放棄用書櫃收納的堅持，就能空出夫妻倆的辦公空間，甚至還有機會騰出做瑜伽或伸展運動的地方。

是否捨棄書本，應由持有者判斷。不過，仍可從空間活用與防災觀點出發，和家人討論是否能撤除書櫃或是換小一點的。

第 5 章

招致家庭紛爭的整理禁忌

24

擅自丟掉別人的東西

常見度 ★★★　立即實現度 ★

我回來了。垃圾又堆積如山，
我要拿去丟囉。

等一下！那東西很重要，
不要亂丟！

解決方法

**不要急著扔眼前的東西，
而是丟棄儲藏室深處的個人物品。**

你想丟的只是冰山一角

未經同意，擅自處理掉對方的東西，肯定會吵架。

即使是一家人，物品所有權仍歸屬個人，隨意丟掉他人的物品，可能還會觸法（按：在臺灣，根據刑法第三百五十四條的毀損器物罪，毀棄、損壞前二條以外之他人之物或致令不堪用，足以生損害於公眾或他人者，處二年以下有期徒刑、拘役或一萬五千元以下罰金）。

我能理解已經養成整理習慣的人，在看到什麼都要留著的另一半時，會有多麼不爽。但是丟棄與否，只有持有者才有權決定，擅自作主只會招來紛爭。

本章將要介紹預防此事態發生的方法。

任意丟掉家人物件容易引起重大爭端的原因在於，被扔掉的通常都是最近有在用的。

如果想掌握家庭內的物品狀態，可參考佛洛伊德（Sigmund Freud）的

「冰山理論」（Iceberg Theory of Consciousness）。

冰山理論將人心分成三個階段，平常會注意到的「意識」（Conscious，又稱顯意識）僅是冰山一角，平常不會注意到，但是努力就能想起來的「前意識」（Preconscious），以及大部分無法想起來的「潛意識」（Unconscious）（參照下列圖表5-1）。[31]

請大家試著將此理論運用在家中。

擺放在家中的物件，會隨著

圖表5-1　佛洛依德的冰山理論示意圖

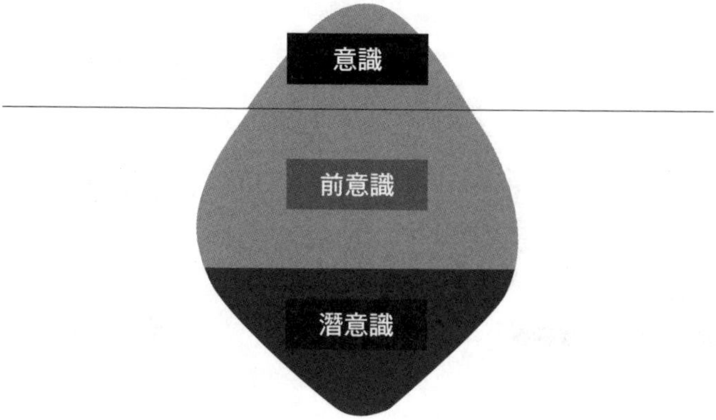

近來的使用頻率分成下列三類：**第一，最近有用到的、第二，最近不用但一年內可能會用、第三，一年以上沒用的。**基本上，一年以上沒用到的東西都長眠在儲藏室深處，而近期有用到的物品才會出現在起居空間中。

因此，一回家看見的肯定是最近有使用的東西。對家中髒亂感到煩躁且浮現整理衝動時，通常不會想到儲藏室裡根本沒開過的紙箱。

想立刻整頓好眼前紛亂的心理，讓人想將起居空間所看到

圖表5-2　分類家中有用及沒用的物品

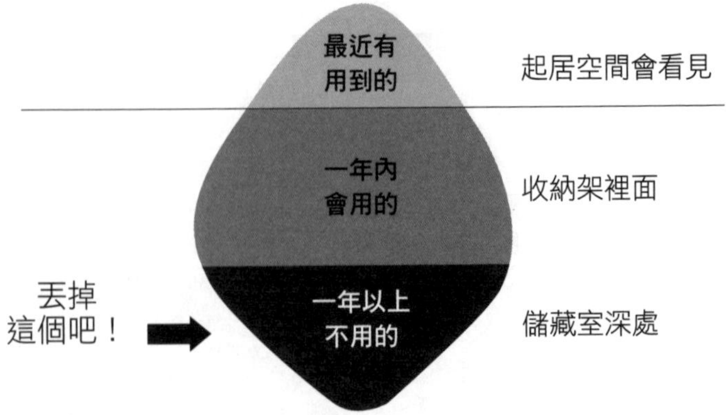

的物件丟進垃圾桶。如此一來，會連不該丟的和不能丟的都處理掉。

如果被丟掉的是一年以上沒用的東西，人們通常不會馬上發現。但是，如果是最近才用到的物品不見，幾天內就會注意到了，於是出言責怪：「你把那個東西拿到哪裡去了？」

舉例來說，孩子在廣告紙背面畫了母親，母親感到很開心，便擺在格柵之間以便隨時欣賞。儘管這對母親來說非常重要，然而對於不曉得內情的父親而言，這只是一張廢紙。如果父親隨意丟棄，便會失去伴侶的信任。

心平氣和面對家中雜亂

若憑藉衝動開始整理，一定會發生判斷失誤。

在這種情況下，會判斷不了什麼可以丟、什麼不能丟。因此，對雜亂的家感到煩躁時，請不要立刻著手整理，首先，請大口深呼吸，讓心情平靜下來。接著，拍照存證，並邀請家人假日時一起整頓。

心中浮現「現在就想整理！」的時候，則應避免在眼前的場所動手，可以先去儲藏室深處搬出還沒開過的紙箱。

即使認為都是家人弄亂的，只有自己認真維護，去儲藏室找找看，一定會發現自己也有好幾年沒用過的雜物。這時，只要處理掉這些東西，想辦法清出空間即可。

收納空間如同免削鉛筆（參照左頁圖表5-3），只要按照「用完一個，放回一個」的順序執行，家裡就不會變亂。不過，有時會一口氣收到許多贈禮，或是從儲藏室拿出平常沒在用的東西等，打亂家中秩序，導致不小心把近期常用的物品收進深處。

東西之所以會丟在外面，是因為當前的空間已經像完整的免削鉛筆一樣，沒有多餘的了。因此，把問題歸咎於物品也無濟於事。

東西丟著不收，通常是因為忙得不可開交。看到這些偶爾散亂在外的物件時，就算指責對方不要亂丟，下次繁忙時，還是可能發生類似的事情。

只要保有空間，那麼即使物品量突然急遽增加，也不會亂得太過誇張，

圖表5-3　用免削鉛筆比喻家裡的收納空間

● 平常＝不容易亂掉

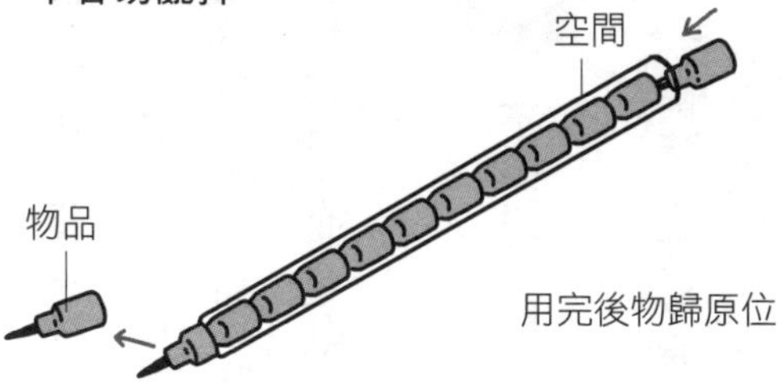

● 物品急遽增加、忙碌時＝容易亂掉

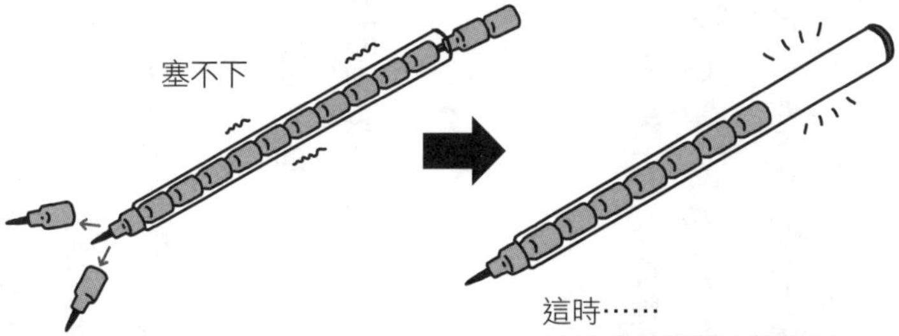

這時……
只要事前保留空間即可

同場加映

據説，持有的物品中，有八成都是一個月內完全不會碰到的。以每人平均持有 1,500 件物品來説，實際上用到的只有 300 件左右，剩下的 1,200 件當中，有好幾百件是「根本不知道有這東西的存在」、「不知道這是誰的」等謎樣物品。各位的私人物品中，必定還有大概 100 件尚未整理的物件。

且能維持舒適的生活。這個家的收納空間會塞得這麼滿，不論是誰都有責任，請不要為此感到心煩，而是先想辦法清除滯留在儲藏室深處的物品。

無法物歸原位，是伴侶的內心與時間不夠寬裕的證據。這時請默默清出儲藏室中大約一層抽屜的空間供對方使用。

相較於溫柔的言詞或是美麗的花，提供物理性的空間才是最實用的禮物。對方也會為了避免亂七八糟的空間而由衷感謝。

POINT!

不要對眼前的雜亂無章感到心煩。

最近家裡堆滿東西耶！下週日的早上一起整理，下午再出門。總之，今天先泡個澡、好好睡一覺吧！

我平常要上班，根本沒空清理。如果是週六上午，我應該可以請媽媽幫我帶小孩。

25

可以收藏，但要節制

常見度 ★★★　立即實現度 ★

戶外用品可不可以少一點？
很妨礙打掃耶！

妳想剝奪我的人生樂趣嗎？

解決方法

公開「我的收藏 BEST 150」。

物欲與蒐集欲強弱因人而異，不能以「蒐集是不好的行為」一概而論，然而，過度的收藏會對家人造成困擾。這裡將介紹幾個分辨收藏好壞的方法。

各位是否有聽過鄧巴數（Dunbar’s number，又稱一五〇定律）？這是英國人類學家羅賓．鄧巴（Robin Dunbar）在一九九三年發表的理論：「人類沒辦法與超過一百五十個人締結有意義的人際關係。」在這個社群媒體發達的年代，相信不少人都擁有一百五十個以上的朋友，但每年維持一次以上的聯繫，且超過一百五十人，恐怕只有極少數。[32]

面對事物時，也是如此。

每年能夠親手觸碰一次以上、灌注愛意的物品數量，也只有一百五十件左右。平均一人持有一千五百件物品，其中與興趣有關的大概占整體的一〇％。

擅自丟掉家人為了興趣而收藏的物品當然不行，但也不能因此放任收藏品不斷增加，吃掉家中的收納空間。當伴侶有這種習慣時，請要求對方拿出所有的收藏品，並從中選擇最重要的一百五十件。

對收藏品的念想也有深淺之分

話雖如此，誰都不希望自己的興趣受到他人干涉。這時，不妨一一詢問收藏品內容後，再精挑細選會比較有效。

我在協助某位偶像團體的粉絲整理自家時，發現他收藏了大量的DVD、雜誌與演唱會周邊商品。儘管建議該捨棄的還是要捨棄，對方卻堅稱每件都很重要，請不要動，而遲遲無法取捨。

在整理興趣方面的物品時，若是以丟棄為前提很容易失敗。這時必須尊重當事人的想法，提出「選擇最重要的，並優先提供安全的存放場所」的建議，且所需時間也比一般整理更費時。

仔細傾聽對方的想法後，得知即使同屬偶像的周邊商品，灌注其中的念想也有深淺之分。

「錄製演出節目的DVD與沒有限定贈品的CD，都能電子化保存。」、「T恤是每次參加演唱會時都要穿，但是胸章與吊飾是收藏用的，可以收在伸手不容易拿到的位置。」、「雜誌能剪下偶像登場的頁面保留。」、「這本書很難找，不過因為我不太喜歡，所以可以送朋友。」

不要擅自判斷必要或不必要，而是傾聽當事人的價值觀後協助分類，如此一來，對方會自行想出是要販賣或轉讓給他人，藉此讓收藏品維持在適當數量。

圖表5-4 判別丟與不丟的基準

市面上已推出復刻版，隨時都能買得到，所以可以丟掉。

世界上獨一無二的品項，不能丟。

各位若不熟伴侶的收藏品，不妨邀請有同樣興趣的朋友來家裡協助。「妳根本不懂公仔的好，這些都有著不分軒輊的魅力啊！」即使是總對伴侶虛張聲勢的人，在面對同樣了解收藏品價值的人時，態度理應會改變。

只要像這樣提出委託：「你能協助我們分類，好讓收藏品符合家裡的收納空間嗎？」朋友應該也會幫忙決定先後順序，若是遇到想要的或許還可以當場完成交易，又省下了處理的工夫。

POINT!

不要想該怎麼丟，而是一起思考該怎麼留。

最重要的這一百五十件當然可以留下來，那其他的該怎麼辦？

26

看到電視廣告就想買

常見度 ★★★　立即實現度 ★★★

我們根本不需要這個伸展器材，為什麼要買？

因為看到電視廣告，忍不住就……。

解決方法

舉辦物品精選大會。

這東西對你有何意義？

有些人嘴上說著是興趣，實際上卻只是漫無目的蒐集物品而已。

從眾效應（bandwagon effect）指的是別人有的自己也想要，不想落於人後的心理；韋伯倫效應（Veblen effect）則是指想購買較稀有的物品以便向他人炫耀，這種想彰顯自我的消費行為。[33]

在這些行為心理影響下所購買的物品，是在浪費自宅空間與費用，因此有時會引發罪惡感或焦躁心情。明明只是隨著廣告起舞而不小心下手買的東西，卻仍捨不得丟，就屬於上述這種狀況。

這時，請將蒐集來的物品擺在塑膠布上，試著分類看看吧。而用不到卻捨不得丟的理由，往往如左頁圖表5-5所示。

這些都是DIY用品，屬於同一類。請不要以類別作為單位分類，而是確認後，從具有何種意義的角度去分類。

夫妻倆可以互相詢問：「這個東西對你來說有什麼意義？」如果具有

圖表5-5　用不到卻捨不得丟的理由

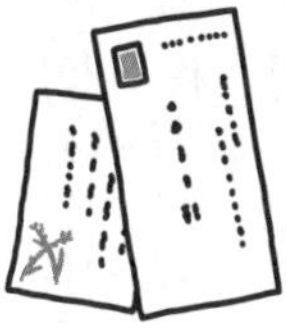

回憶
畢業紀念冊、信紙、照片

應援物
偶像的周邊商品、公仔

不敢丟
主管給的禮物

昂貴
名牌包

迷信
日本人偶

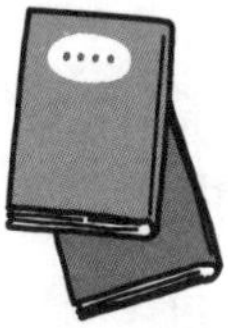

罪惡感
還沒讀完的書

努力想用完
調味料

體積小
大量的迴紋針、紙袋

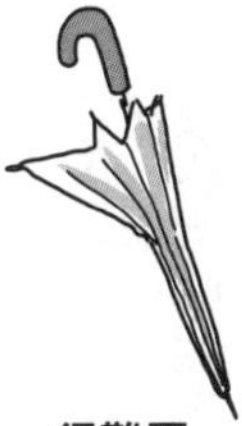

很難丟
壞掉的雨傘、噴霧罐

某種紀念價值，就先保留下來。

這時切勿說出否定對方價值觀的話語：「為什麼要買這種東西？」這麼做只會傷害對方。

過去投入的資金與勞力中，已經無法回收的費用，在經濟學中稱為沉沒成本（Sunk Cost，又稱沉澱成本或既定成本）。一旦投入資本後，人們會試圖回本，即使明知道辦不到，仍繼續執著該事物。

一想起購買時的情況，就會感到心痛，進而扭曲認知，誤以為這對自己來說是必要的。因此，請不要提及與物品有關的過去事件，單純從今後要怎麼使用的觀點提問。

不要試圖一口氣整理完

與回憶、對某人的應援等有關的東西，因為帶有正面意義所以無妨。但是若單純為了扭曲的幹勁而勉強使用時，這類品項越多，整個空間對當事人來說，越容易感到窒息。

尤其是會引發特殊情結的東西，從心理健康的角度而言，建議搬出這個家。看是要賣掉、轉讓，還是寄放（陽臺的戶外收納箱或老家）都可以，試著提出與物品拉開距離的意見。

在整理與趣相關物品時，難度最高的是讓當事人自願動手。所以不要試圖一口氣整理好，必須耐著性子與對方慢慢周旋。

POINT!

逐一檢視每一個品項，並探索其背後意義。

這個伸展器材為什麼要放在家裡？什麼時候會用到？

27

以後還會用到，丟了太可惜

常見度 ★★　　立即實現度 ★★

妳又積了一堆紙袋跟免洗筷，
我們根本不會用，趕快處理掉吧！

太浪費了！這又不會壞，
可以留著以防萬一啊！

解決方法

**占用過多共用空間的物品，
請挪到個人空間。**

一句「整理乾淨吧」，反而造成反效果

如同對物品的執著程度因人而異，物品儲備的危機意識也各不相同。

因為老家這樣做、受到母親的影響等，很多家庭與這些因素共存。

不想丟掉還能用的東西這種抗拒感，來自家庭環境與時代背景，尤其曾有過能源危機與大地震等物資不足的經驗時，庫存量很容易高於標準。

要是養成什麼都要留著的習慣，進而導致囤積過多備品，反而會在必要時拿不出真正重要的物品。

前述曾提過防災儲備量（參照第六十五頁），這裡要介紹的是如何控制過度執著的心理，以避免儲存超過一個月的備品量——**那就是嚴格執行住宅的地盤劃分，明確決定出個人空間。**

只要占據過多住宅空間的浪費，高於丟棄堪用物品的浪費，自然能抑制過度累積。

針對放在全家共用空間的物品，提出「這個有必要嗎？」的疑問，只

會得到否定結論。

如果丟棄物品的罪惡感，高於保持居家整潔這個優點，對方自然會回答：「先留著吧。」

有個心理學用語叫做「林格曼效應」（Ringelmann Effect），又稱為社會性懈怠（Social Loafing）或搭便車現象（Free Rider Problem）。也就是團體人數越多，每個人的執行力就越少的現象。

即使妻子說：「全家人一起維護居家整潔。」以刺激大家的集團心理，但可惜的是，對於待在客廳的時間較短也不做家務的丈夫與孩子來說，這些都不關自己的事，客廳的東西多一點或少一點都不會影響到自己的生活。結果就只有妻子努力收拾，並與不願配合的家人之間產生鴻溝。

每個場所都要區分公共及個人

那麼，該怎麼做才能讓家人願意配合？

最快速的方法是改變對個人收納空間的想法。單純按照空間區隔丈夫、妻子與孩子的個人空間，是非常不夠的。

每個場所都應該切割出各個家庭成員的個人空間。

舉例來說，優先為一個月內家務所需的物品決定好位置後，剩下的收納空間便由全家人均分。

以「調理用具全部收在廚房」這種整個類別為單位決定存放位置時，每天在用的調理用具會與一年只用到幾次的用具混在一起，進而導致物品囤積。

所以，僅為一個月內用到的用具保留空間，剩下的均分給全家人。在這種情況下，要把個人書本或衣物放在廚房的個人空間也無所謂。

為了讓整個家的個人收納空間達到平等，請一邊交易場所，一邊劃分地盤（參照左頁圖表5-6）。

關鍵在於不能按照持有物的多寡給予不公平的分配，必須讓每個人都擁有平等的個人空間。

收納空間不足的時候，不要試著增加自宅內的收納設備，而是善用外部收納服務。如果因為自己的持有物品較少而分一些空間給伴侶，或是自以為貼心為對方整理個人空間，那麼無論花多少時間，都治不好另一半的囤物癖。

劃分好地盤後，剩下的就放手不要管。

如同公寓的公共區域走廊不能放置私人物品，餐桌上、洗手檯與地板等共用空間也應該完全禁止。當發現家人的物品時，請丟進對方的個人空間。

圖表5-6　可視需求交易空間

善用「自利」，促進整理

決定好每個人空間後，要定期檢視公共空間。

假設你發現母親在共用家務用具放置處，囤積過多免洗筷與紙袋，可以挑出一個月內會確實用到的量，剩下的全都挪到母親的個人空間。從防災的觀點來看，三人家庭的免洗筷適當儲備量為一人一天一雙×兩週＝四十二雙。超過這個數量的免洗筷，請視為母親的個人收藏，並放進其空間中。

隨著個人空間遭備品占領，導致重要物品的存放空間變得難以管理，且令對方難以忍受。誰都不希望寶貴的個人空間中，除了昂貴包包與衣物之外，還有滿滿的免洗筷與紙袋。

此外，看到其他人井然有序的個人空間，也會刺激競爭心理，引發維護個人空間整潔的動力。

面對無法為了團體努力的人，就讓他們為自己努力。善用人類與生俱來的「自利」，學會個人空間僅放置重要物品，並一起擁有舒適的生活。

POINT!

對個人空間的珍惜，會成為放棄執著的動力。

妳又買清潔劑？明明還有一罐庫存，一個月也只用一罐而已，對我們家來說還不需要，所以請放進妳房間的書櫃裡吧。

我才不要把清潔劑放在書旁邊~知道了啦，我不買了。

28

你的捨得跟我的不捨得

常見度 ★★　　立即實現度 ★★

不想辦法減量的話，根本沒辦法整理，你趕快丟掉啦！

我現在很忙，反正是放在我自己的空間，妳就別管我了……。

● **對物品的感情診斷**

		分五階段評分
1	家中有10 個以上會想向人炫耀的物品。	
2	享受與親朋好友談論物品的時光。	
3	選購每一項物品都很花時間。	
4	喜歡名牌。	
5	有收藏品。	
6	喜歡調查製作者來歷，以及物品製造背景等。	
7	有費盡千辛萬苦才到手的東西。	
8	喜歡自己手工打造物品。	
9	經常修繕物品，並會長期使用。	
10	家裡擺有許多喜歡的物品，光是看著就覺得幸福。	
	對物品的執著程度	

解決方法

透過物品執著診斷表，確認你是否捨得丟東西。

每個人的整理方法都不同

人可以分成捨得丟東西，以及捨不得丟等兩種。

捨得丟的人聽到這段話或許會覺得奇怪：「只要下定決心，任誰都能夠把東西丟掉，想要維持整潔就必須先減量，所謂的『捨不得丟』只是藉口吧？」

但是，如前所述，人們抗拒丟東西，是受到家庭環境與面對該物品背景的影響，導致出現相當大的個人差異。

有個很簡單的方法，可以確認自己屬於捨得丟的一方？還是捨不得丟的一方？那就是檢視前頁的十個問題，按照程度選擇1（完全不符合）、2（不太符合）、3（都不是）、4（有些符合）、5（非常符合）。

接著，計算這十個問題的總分。接受問卷調查的六百名關東男女性平均分數是三十三分，因此，三十三分以上的人屬於對物品很執著，捨不得丟的類型；而三十二分以下的人屬於對物品很乾脆，捨得丟的類型。

此外，捨不捨得丟，並沒有所謂好壞之分，兩者各有優缺點。

捨得丟東西的人很快便可以收拾完畢，一旦將物品減量至極簡狀態，能大幅降低後續的打掃與物品管理難度。

另一方面，捨不得丟東西的人雖然整理與打掃都比較花時間，不過對育兒也會帶來良好的影響。藉由我獨創的問卷發現，**持有較多物品的雙親，能夠教育出較具創造力的孩子，孩子也會透過物品繼承父母的興趣，因而擁有正向的一面。**[34]

捨得丟的人與捨不得丟的人，各有適合的整理方法，而兩者之間有著一百八十度的差異。因此面對與自己完全不同的類型時，如果要指出問題點的話必須特別留意。

要求捨不得丟的人在短時間把物品丟掉，失敗也是顯而易見的。不只如此，對方甚至可能因反彈而購買新物品，或是將此視為「丟物騷擾（強迫人丟棄物品的騷擾行為）」。

適合自己的整理方法，未必適合伴侶。

所以，請按照第二三七頁的物品執著診斷與另一半一同討論看看：「對你而言，什麼是最重要的東西？」、「應該是餐具跟文具用品……裡面有很多符合我個人風格的物品，所以我很喜歡。」、「為了有足夠空間存放餐具與文具用品，每週花兩小時打理一下其他類別的東西，你覺得如何？」

如果以這種感覺討論，即使對方是捨不得丟東西的類型，也會相信只要肯花時間就能整理好，從而接受提議。

圖表5-7　按類型區分出適合自己的整理方法

	捨得丟的人	捨不得丟的人
適合的程序	一口氣大量丟棄。	沒辦法一下子就丟掉，必須先仔細分類。
整理時要注意的事	目標減量至家裡塞得下為止。	無論空間大小，先按照使用頻率與執著程度做分類。
耗費時間	短期內一次進行。	不要一口氣整理，一天設定三小時為上限。
物品的去向	丟棄、轉賣。	丟棄或轉賣之餘，也可以考慮捐贈、轉讓或借給他人。空間不足時考慮寄放。

POINT!

體諒捨不得丟東西的心情，仔細傾聽對方的想法。

我的物品執著診斷結果是十五分，你是四十分。看來，你是很珍惜物品的類型！

〈不用這麼氣〉

整理是最不花錢的自我投資

為什麼釐清的優先順序，會低於每天的工作、眼前的家務與育兒？整理如第一二四頁所述，分成下列三個要素，只要檢視這些就能明白為什麼。

- 釐清＝把所有物品拿出來。
- 收納＝決定物品的位置。
- 整頓＝物歸原位。

相較於頻率與緊急程度較高的整頓，釐清與收納會造成某種程度的心理負擔。釐清與收納與學習、鍛鍊肌肉、為考取證照而讀書等相同，都很難立刻看到結果。

整理整棟住宅需要二十至三十個小時，正好與參加駕訓班的時數差不多。從這個角度來看，以學習新事物的心態，至少須準備二十個小時去處理，正是成功整理家裡的關鍵。

只要願意花時間認真釐清與收納，後續例行公事般的整頓負擔就會出現驚人的下降，打掃效率也會提升。釐清與收納可以說是一種預先投資，幫助未來的生活更加順利。

整理有助於提高生活品質

整理乍看之下是相當乏味的作業，但是只要以正確的方式持續釐清與收納，從某個瞬間開始便會產生這個空間已經突破瓶頸的感覺。這種滿足感會帶來想收拾其他地方的動力，只要這樣反覆執行，整棟住宅遲早都會煥然一新。

不必清理當然也可以生活，沒有確實打掃當然也可以養小孩。然而，若想要提高自我肯定感，整理是非常恰當的方式。

大半的消費目的都是為了提升自我肯定感。無論是去咖啡廳買飲料、做美甲或購買名牌，這些消費行為都是為了成為更理想的自己而投資。

但是，整理不用花錢，就可以提高QOL（Quality Of Life＝生活品質）。以居家工作來說，從早上起床到睡前，一天有十二個小時面對這個空間，究竟是清爽整潔還是充滿雜物，將大幅影響人們的自我肯定感。

人生會隨著在這棟住宅生活一週、一個月、一年而產生變化。

外出磨練當然是好事，不過關在家裡展開以整理為名的自我鑽研，是為未來人生帶來莫大好處的預先投資。

第 6 章

會教整理的，只有幼兒園

29

家人不肯分擔家務

常見度 ★★★　立即實現度 ★★

我偶爾也想做個飯！
篩子放在哪？鹽巴呢？

篩子在流理檯下面，鹽巴在瓦斯爐旁邊的架子……你好歹也記一下位置！

〔不好用的食品儲藏區〕

- 看不出來什麼東西放在哪裡。
- 塞滿滿的很難拿。

〔好用的食品儲藏區〕

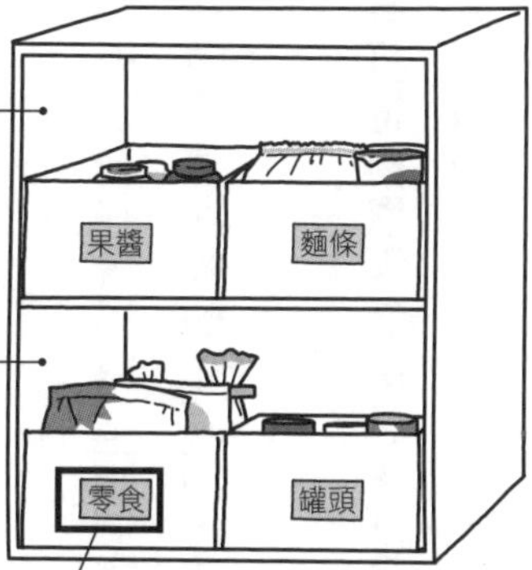

- 收納籃上有標籤。
- 僅放置八成內容物，很好拿取。

解決方法

全家一起掌握物品的擺放位置。

整理與打掃不同

當別人聽到我是整理收納顧問時，很容易產生這樣的誤會：「好厲害啊，妳很擅長打掃對吧？」

整理與打掃乍看相似，其實完全不同。

根據《廣辭苑》（按：日本有名的日語辭典之一）的定義，整理（釐清）是：整頓混亂的狀態，使其擁有正確的秩序；打掃則是：掃除或擦拭垃圾或灰塵，使其恢復乾淨。

很多家庭都會在整理後打掃，所以往往會以為這兩個字意思一樣，但其實這完全是兩碼子事（連同我在內的整理收納顧問們，並非每個人都很擅長打掃浴室或廁所）。

家裡亂七八糟的家庭，常常有打掃與整理都由特定成員負擔的傾向。因為不擅長收拾的人，在看到有大量的物品囤積空間時，忍不住想遠離：「最好不要去碰。」

家中雜亂無章，使負責打掃的人只能把東西塞進收納設備裡，並進行最低限度的清掃。當收納空間都被塞滿，就會變得更難運用，導致家裡更加亂七八糟。如此一來，其他成員也會更不願意幫忙，進而使打掃工作壓在特定成員身上——這樣的家庭比意想中的還要多。

只有能自力整理與收納的人，才會展現出物歸原位的動力。此外，尚未收拾的場所，也很難讓人萌生想要打掃的想法。

不知道調味料、食品與調理用具放在哪裡，便不會想要做菜，做菜後仍不曉得東西固定的擺放位置，所以直接丟在外面。結果負責家務的人就會認為：「我自己來做比較快！」進而扛下更多責任。

幼兒園的標籤效果

希望全家人共同分擔家務的時候，基本原則就是每個人都要知道物品的收納處。因為如果不曉得物品的固定位置，導致每次都得開口詢問，根本無法成為做家務的戰力。

建議各位仿效幼兒園。

幼兒園會在球池、玩具籃，以及水壺放置區等所有空間，貼上繪有物品插圖的貼紙，每件物品上也都會貼著相對應的貼紙。

住宅同樣也可以貼上大量易撕標籤貼紙。

有孩子的家庭建議請孩子在標籤貼紙上寫字與繪圖。因為人們對於他人寫的標籤與自己畫的標籤，會給予截然不同的注意力。即使是還不會認字

圖表6-1　貼上標籤貼紙，一眼看出物品位置與持有者

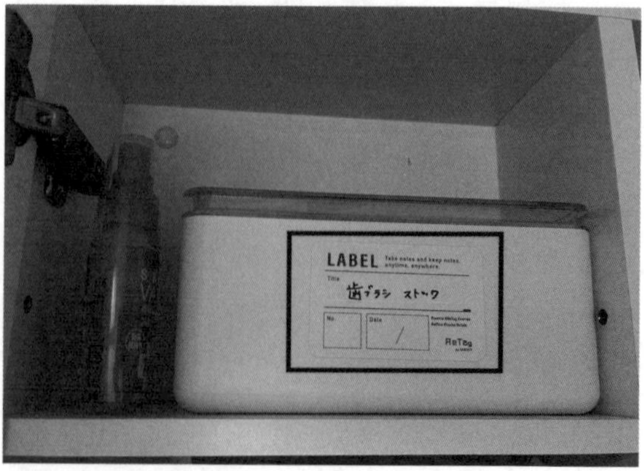

的兒童，只要看到插圖，就能輕易明白什麼東西放在何處。

此外，一個箱子裡若收納多種物件時，請務必拍攝俯瞰照片。並上傳至全家共享相簿，如此一來，有人為了出差或住院離家時，溝通起來會很方便。

要委託其他人代購物品時，也可以根據照片說明，預防買錯東西。

即使是原本都由妻子負責管理全家物品的家庭，只要全家人能正確掌握東西的固定位置，不僅可以減少妻子的負擔，其他成員還能在毫無壓力的情況下物歸原位。

圖表6-2　兒童也願意幫忙收的收納箱

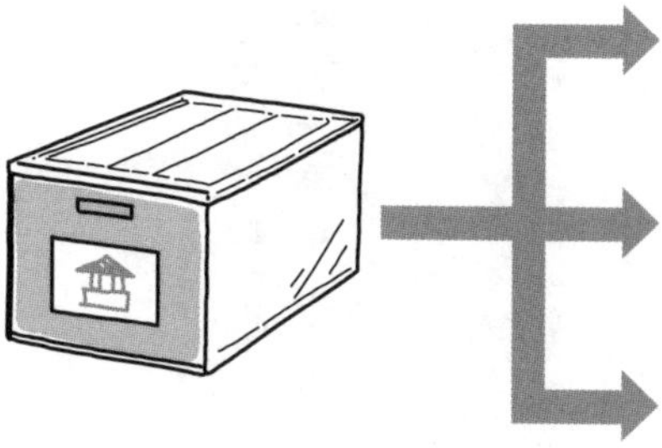
請孩子負責在標籤貼紙上寫字或畫圖。
最好選擇易撕標籤貼紙。
拍下內容物的照片且上傳全家共享相簿，整理起來很輕鬆。

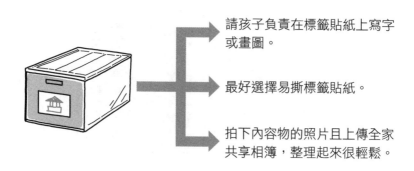

POINT!

和孩子一起邊貼標籤貼紙邊整理。

洗碗機清潔劑好像放在流理檯下，我記得好像有貼標籤貼紙。設定好洗碗機之後，再把調理檯淨空，快速擦拭完畢。

今天真是謝謝你～幫了我大忙。

30

整理一點也不有趣

常見度 ★　　　立即實現度 ★★★

我會幫忙的，趕快整理啦。
好了，快點！

我不要，最討厭整理了。

解決方法

過程中放音樂，並準備獎勵。

什麼時候學收納？

前面曾提過，整理能力源自於成長的家庭，那麼，我們該怎麼指導小孩學會？

不只是兒童，面對不懂得整頓的伴侶，以及正在準備面對人生最後階段的父母，我們該怎麼教他們才好？

事實上，**會教導整理的只有幼兒園**。儘管二〇一八年起日本高中學習指導要領中，有食、衣、住這幾個項目，教科書裡也有提到整理與收納，但是並未教人如何實踐。[35]

東京學藝大學紀要的「幼兒是如何接受生活習慣」（二〇一二年）中，分別訪談了三歲、四歲、五歲這三個年齡層的班級兒童，調查他們是如何看待整理這件事。[36]

無論是幾歲的學童，聽到老師說要收納時，會覺得「好，整理吧！」的人都有八成以上。**其中，雖然三歲兒童有九成認為整理很開心，但到了**

五歲則降低到約五五%（參照下頁圖表6-3）。

該論文分析，這並不是因為孩子們隨著成長而開始討厭收納，而是當這件事變成例行公事，逐漸變得沒有任何想法所致。

由於討厭收拾的兒童只有不到一成，因此可以發現兒他們比成年的我們更加樂於做此事。

發揮巧思賦予樂趣

那麼，該怎麼做才能讓三歲兒童想要自主整理？

從玩耍到收納，幼兒園似乎都會想辦法讓孩子持續感受到樂趣。

結束玩耍的幼兒園學童們，看到面帶笑容說「整理吧！」的老師時，會認為整理＝開心，進而產生幹勁。養成玩耍後要收納的習慣，每到一定的時間自然會著手整理（參照下頁圖表6-4）。

我們上小學後，就沒有再接受整理方面的教育，因此家庭內有責任將

圖表6-3 聽到「整理吧」這句話後的想法是……？

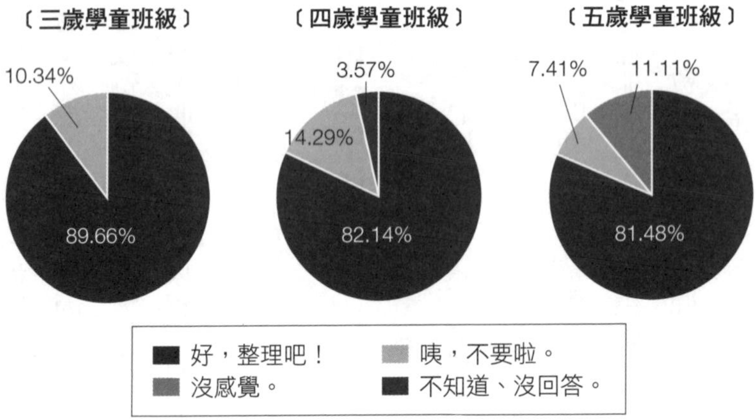
〔三歲學童班級〕
10.34%
89.66%
〔四歲學童班級〕
3.57%
14.29%
82.14%
〔五歲學童班級〕
7.41%
11.11%
81.48%
好，整理吧！
咦，不要啦。
沒感覺。
不知道、沒回答。

圖表6-4 在幼兒園討厭整理嗎？

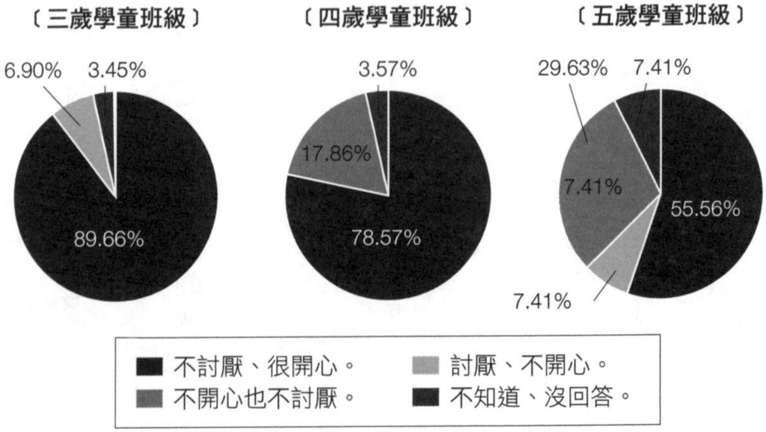
〔三歲學童班級〕
6.90%
3.45%
89.66%
〔四歲學童班級〕
3.57%
17.86%
78.57%
〔五歲學童班級〕
29.63%
7.41%
7.41%
55.56%
7.41%
不討厭、很開心。
討厭、不開心。
不開心也不討厭。
不知道、沒回答。

資料來源：東京學藝大學紀要「幼兒是如何接受生活習慣」。

幼兒園的收納教育延續下去。總是板著臉孔要求另一半：「快點整理！」那麼對方肯定不會覺得這件事很開心，也養成不了習慣。

在此建議和教育幼兒園學童一樣，想辦法實現以下流程：先感受到樂趣→自然而然養成習慣。

創造大家一起打掃的優點

幼兒園會給予學童們音樂響起就要打掃的認知，家庭內採取在特定時間內強制全家打掃的手段同樣有效。

禪的世界中有句話叫做事理一如，指的是修行時的心態。也就是說，修行者會透過坐禪等修行合而為一。

整理是與自己的對話。即使獨自一人時會覺得麻煩，只要全家在決定好的時間內像修行般進行，一定能持續專注在收納上。

最後，準備完事後的獎勵（全家一起吃甜點等），家人便會產生整理

＝開心的家庭活動的想法，自然更有助於養成習慣。

POINT!

雙親自己要先學會享受整理。

（播放音樂）

來吧，大家一起趕快收納，完成後一起來吃蛋糕！

〔不用這麼氣〕

孩子是最強收納顧問

整理收納顧問的工作流程如下：

- 聆聽客戶的生活煩惱與理想，詢問每件物品的持有原因。
- 與客戶一起取捨與選擇。
- 按照生活動線提出相關方案。

從時間分配來看，詢問每件物品的持有原因最耗時，整理收納顧問會在這個階段花大把時間。

但其實，**詢問物品持有原因，不一定要由專業人士進行，可以由家庭成員代為處理。其中最適合的就是兒童。**

方法很簡單。只要把想整理的物品裝在紙袋中，讓孩子一件一件掏出來問父母：「這個是什麼？什麼時候用到？」爸媽則必須以小孩聽得懂的方式說明，接著，再按照內容分類後擺出來。

如果是雙方都是成年人，可能會以「是要主管給的，所以不能丟」為由，而沒能認真正視物品。此外，也很容易發生爭執：「為什麼會有這種東西？」

但若對象換成是孩童時，就比較難找藉口，只能單純講述該物品的功能與價值。

這時，可以請孩子拿著計時器，如果說明耗時太久，請他們直接提醒，藉此提升緊張感。

收納能訓練孩子的邏輯思考力

根據子女的年齡，有時聽完父母的敘述後，還能主動提出分類建議。

詢問大量物品的用途，再按照關聯性分類，對孩子來說，是非常好的邏輯思考訓練。儘管看到父母很辛苦，但仍願意正視這些物品，自然也會萌生想以同樣方式收納的動力，且有機會促進他們自動自發開始收拾。

等小孩習慣之後，提出的問題會越來越嚴格且毫不留情。「這個到底是什麼？請說明到我懂為止。」聽到孩子的質問，相信有囤物癖的爸媽會不禁冷汗直流，甚至反省平常毫無計畫的收納。

家庭內部的整理教育多半按照：孩子遵循父母指導、父母示範孩子學習的架構，而這種小體驗，對親子都有好處，既能讓收納成為整個家庭的習慣，還可以成為有趣的家庭活動。

31 唸了好幾次，孩子還是不動手

常見度 ★★　　立即實現度 ★★★

要我說幾次你們才懂！
東西用完要放回去！

我們在看電視，等一下再收。

解決方法

收拾完畢後請孩子談談想做的事。

用書包當作實踐練習

古希臘哲學家亞里斯多德（Aristotle）在《修辭學》（*Rhetoric*）中，提到說服的三大原則，若想驅使他人行動所必須具備的三個要素。[37]

1. 邏輯（logic）：依理論說明。
2. 情感（passion）：秉持熱情，熱切說明。
3. 信賴（trust）：獲得對方信賴，並互相產生共鳴。

那麼，在指導孩子整理的時候，最重要的是哪一個？答案是全部。湊齊說服的三大原則時（參照左頁圖表6-5），效果會明顯提升。以下讓我們一起回顧各位教導孩子收納的過程吧。

圖表6-5　按照説服的三大原則向孩子搭話

1. 邏輯
放學回家後立刻檢查書包，就不會忘記今天的作業。如果將脫下來的衣服直接放進洗衣機，就更好了！
2. 情感
媽媽和爸爸也必須整理自己的東西。好，那我們來比賽，收拾完之後就一起在乾淨的房間打牌吧！
三個並用最理想！
3. 信賴
在乾淨的餐桌上，一邊喝茶一邊和你聊天的時光，對我來說很珍貴。你想在這個家過怎樣的生活？

●×「夠了，差不多該收拾了！」

像這樣只有斥責，就會成為命令，完全不具備邏輯、情感、信賴。

●×「下週有客人要來，你先把房間整理乾淨。」

從自己的立場來看，這或許符合了邏輯，但是，若站在對方的立場，會因為毫無優點而顯得不情不願。

●△「家裡到處都是不需要的雜物會很難打掃，一起努力減量讓家裡變得清爽一點吧。」

這句話符合了邏輯，說話方式也無損情感。不過，內容無法讓小孩主動產生幹勁，自然很難產生信賴感，進而想和家人一起打造舒適空間。

事實上，**說服的三大原則中，最困難的是信賴**。

為人父母如果想要贏得孩子的信任，就必須聆聽他們的話語。

「你想在這個家度過什麼樣的生活？」、「家裡整理好之後，你想在這裡做些什麼？」試著提出詢問，並以認同孩子答案的同理心去傾聽。接著，也請老實告知小孩自己想和他們在這個家做些什麼。

安排與子女促膝長談、理解他們心情的時間，親子間的信賴關係自然會萌芽。

接下來要做的不是收納，而是整理練習的實踐。試著以鉛筆盒或書包等孩子身邊的物品為教材，帶著他們一起收拾。

先把書包裡的東西全部拿出來後擺在書架上，或將體育服裝拿到洗衣籃……就算只是認真釐清內容，也能自然養成整理習慣。

這個做法不僅對小孩子有效，也可望協助成年人養成良好習慣，請務必嘗試。

用整理專用箱學收納

日本心理學會的論文中，有篇饒富興味的紀錄，對象是一名具有過動傾向的小學二年級女童。

對女童來說，一口氣看到筆、剪刀與膠水等多項物品時會感到混亂，因此專家為她準備了整理專用箱，讓她可以把所有散亂物品收進去，藉此養成收納習慣。[38]

那箱子的一大關鍵是，採用符合當事人美感意識的設計。

我們可以加以應用，請不喜歡收拾的孩子，親自選擇繪有喜歡角色的整理專用箱。只要先引導小孩將物品收進箱子，之後再訓練他們物歸原位，就能在不強迫的情況下養成好習慣。

32

與孩子間的回憶，該不該丟？

常見度 ★★★　　立即實現度 ★

這張紙放在這裡又沒用，扔掉吧。

這是孩子畫的我耶！不要隨便丟掉！

解決方法

為每位成員設置回憶寶箱。

大人小孩都一樣，自己的東西自己丟

衣服、繪畫、勞作、信、玩偶、書包等，隨著孩子的成長，與回憶有關的物品會不斷增加。

如果因重要記憶而一直捨不得丟，家裡會越堆越滿，最後收拾不了。此外，夫妻間保留與丟棄的重點與價值觀不同時，可能會誤丟對伴侶來說充滿回憶的物品，進而引發爭執。如果是與子女的童年記憶有關，一直放著也可能造成長大後忘不了的心理創傷。

面對與回憶相關的物品時，關鍵在於不要由父母決定，而是從孩子的角度判斷該留或該丟。

對父母而言，與小孩有關的一切都相當寶貴，就連畫在廣告紙背面的塗鴉也視如珍寶。尤其是對物品執著程度較高者，恐怕一個也丟不了。

事實上，孩子本人面對這些物品時的態度格外冷靜。即使是非常努力畫出的父親畫像，有時隔天就覺得可以丟掉了。因此，當不知道該留下還是丟掉時，問問孩子的意見吧。

定期更新回憶寶箱

決定要保留的便收進回憶寶箱。這個箱子請依照儲藏室的頂層或底層，尋找符合尺寸的款式。

此外，也請為每個家庭成員都準備一個箱子。因為每個人的珍貴回憶不同，小孩寫給父親的信、繪製的母親畫像……想留下來的，就收在各自的回憶寶箱裡。

不過，若只顧著往回憶寶箱裡塞東西，完全不打算整理，物品會隨著孩子成長而增加，遲早會放不下。

請根據衣物換季的要領，至少半年要把回憶寶箱的東西拿出來檢查一次，這時要逐一確認是否對親子還有意義，並且適度更換。

由於回憶寶箱裡的東西不會頻繁被使用，最好的擺放位置就是儲藏室的最深處。

信件與照片等與回憶有關的物品會與日俱增，獲得新的回憶物品時，不妨先放進文件盒，等假日有時間時再來精挑細選，並放進儲藏室中的回憶寶箱。

這時請將帶有回憶的物品電子化，接著丟棄實體以減少所占空間。只要持有孩子的畫作檔案，就能設成手機的待機畫面，之後要印在餐具上或是T恤上也很方便。

把童年的東西全部丟掉實在太過無趣，因此請假設日後說不定要為自己打造紀念館，保留下屆時會想展示出來的東西吧。

將大型書包改成迷你版本、照片僅挑重要的放在寶箱中，剩下的都電子化，繪圖日記、報紙與小冊子等，也只剪下重要頁面以縮減厚度，請努力縮小回憶相關物品，並盡量減少占用空間。

回憶會隨著時光產生變化，興致與注意力也會隨著年齡改變。國中時覺得很珍貴的拍貼收集冊，長大後說不定變成黑歷史。

圖表6-6　為了避免誤丟與回憶有關的物品應遵守下列流程

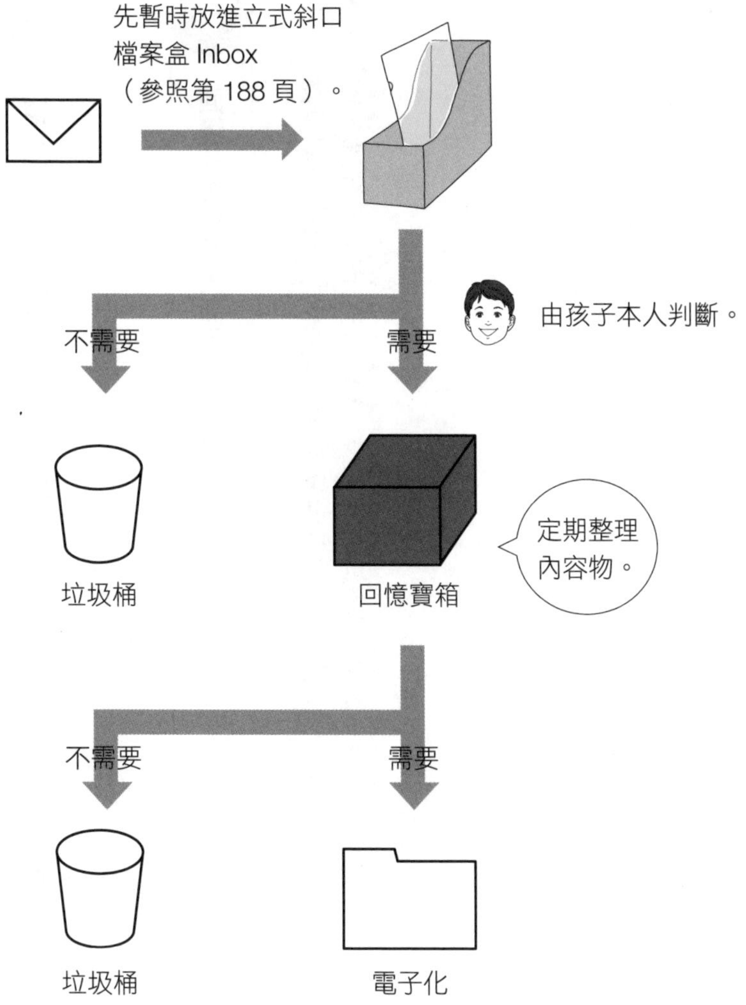
先暫時放進立式斜口
檔案盒 Inbox
（參照第 188 頁）。
由孩子本人判斷。
不需要
需要
垃圾桶
回憶寶箱
定期整理
內容物。
不需要
需要
垃圾桶
電子化

把與回憶有關的物品壓縮後塞進一個箱子裡，再定期整理箱中的內容物——只要反覆這麼做，就能經常更新重要的物品，同時也可以帶著新鮮感回顧過往。

POINT!

回憶的價值因人而異，沒有對錯之分。

這是孩子寫給我的信耶，先收進我的回憶寶箱吧。
把這張畫像掃描成電子檔，之後就可以用電腦看了。

〔不用這麼氣〕

遺物整理是家屬們的一大課題

整理當中，難度最高也最花時間的就是遺物。

近年來，有越來越多人會趁自己活著的時候，盡量將物品縮減到最少，並將其視為終活運動（按：終活是臨終活動的簡稱，意指面對生命終點所做的準備活動）的一環。然而，有更多人是在沒有準備的情況下離開人世，因此往往由家屬負責整理遺物。

過世的人對物品很執著或是住宅很寬敞時，家屬要面對的遺物數量，可能是自己持有物的兩倍以上。

整理一般住宅通常需要二十至三十小時，但是物品數量很多時，再加上失去家人的悲傷，往往讓人花了三十小時仍收拾不完。如果委外處理，視情況可能得耗費數百萬日圓，因此仍建議由家屬互助合作一起整理。

關鍵大致有二。

第一，思考故人的住宅該如何處理、決定遺物的整理期限。住宅是要賣掉？還是出租？或者是有家人要住？如果要自住，則要思考是否需要整修？還有這些空間該怎麼使用？當成別墅或第二個生活據點運用？還是要讓親戚住？先仔細討論硬體方面的土地與建築物後，再依此決定遺物的整理期限。

第二，從期限開始反推，規畫出遺物整理日程表。正視遺物會對身心造成負擔。所以在規畫日程表時，每次最多安排兩小時。

實際時數依遺物的數量而定，不過整棟住宅建議安排四十小時，因此要分成兩小時×二十次。當故人的家很遠時，也可以安排兩天一夜，一次兩個小時，一天整理三次。如此一來，只要三、四趟就可以處理完一輪。

考量到身心的負擔，應盡量兩人一組上門，一人負責判斷、一人負責分類，分工合作會比較順利。

如果家屬年紀也很大，沒辦法獨自收拾的時候，可以考慮請專門的業者協助搬運。如果連判斷工作都委外，費用會相當昂貴，但是若過程與判斷都自行處理，僅將搬運工作交給業者，通常只需要數萬日圓。

家屬未必要一肩扛起

試圖一口氣判斷整棟住宅的遺物是否保留，是非常沒效率的。

因此，請將整理分成以下兩階段實施：第一輪只留下想要的物品，第二輪為打算處理掉的物品尋找去處。

●第一輪：留下想要的物品

第一階段只要選出有想法的物品：**自己想要的、能回想起故人的、想當成傳家之寶或傳統繼承的。**

圖表6-7　遺物整理日程示意圖

STEP 1　**故人的住宅要怎麼處理？**

STEP 2　**決定遺物整理的期限**

STEP 3　**開始整理**　參考時間為 2 小時×20 次（放假時兩人一組進行）

- 第一輪　留下想要的物品 → 想要的／要丟的
- 第二輪　分類要處理掉的物品
  - 要扔掉的物品 → 丟掉／賣掉／轉讓

●第二輪：分類要處理掉的物品

第二階段要具體決定東西的去向，**像是丟掉、賣掉還是轉讓**。

如果有平常往來的收購業者，也可請對方在這個階段來家裡確認，而名牌等也可試著上架到二手拍賣APP。

此外，也可以試著自行改造，或是將不用的東西轉讓或捐贈給親朋好友……想辦法活用這些遺物。

以和服為例，挑起想穿的之後，剩下的能修改成西式服裝、浴衣或包包等。

最後，如果下定決心丟掉全部，可以請他人代為處理，看是要委託業者還是出錢請孫子輩幫忙。

整理遺物時，最困難的就是判斷東西是否要留下來，因此家屬請專注於要丟或是要留。至於物品的移動、丟棄、出售、修繕等單純作業，就試著委託業者，是避免身心都過勞的訣竅。

結語

那些辦公桌很整齊，家裡卻亂亂的人

想要將工作上習得的解決方法，應用在居家收納上，是這本書的基本思維。

之所以想撰寫本書，是因為**我看過太多這樣的人，在職場上明明能以絕佳的邏輯解決課題，但談到家務就只剩下滿口抱怨**。

尤其是整理，更容易一開口就爆發不滿，我很少聽過正面的話，幾乎都是另一半很不會整理、家裡超亂，根本不敢邀請別人來……。

事實上，我以收納顧問的身分造訪各大家庭時，會發現人們對收納的困擾比想像中嚴重，我常常一邊談話，一邊擔心這家人的關係是否融洽。

即使是在職場上能給予同事最大體貼，也確實歸納好文件與檔案的人，回到家卻總是想說什麼就說什麼，東西亂丟，實在是令人太遺憾了。

我在採訪過程中，強烈感受到的另一項課題是物品該丟還是該留。家庭成員之間的整理能力有落差時，較懂得收納的一方，會以強烈的措詞與表情指責對方：「那傢伙根本不懂收納。」、「明明該丟掉的東西還硬要留著，實在是沒辦法溝通。」我看過無數次上述類似場景。

或許我說得有些誇張，但只因為收納能力差異，就在日常生活中否定對方人格，其實也稱得上是一種「霸凌」。

整理只是一種機械性的技能，與人格毫無關聯性。不懂得收拾，只是單純家裡沒人告訴他做法而已。事實上，還不懂得整理的人，才真正擁有成長空間。

收納就如同肌肉鍛鍊，只要持之以恆，採用正確方法，自然會提升能力，家中也會逐漸改變。最後，不僅能夠充實自己的人生，夫妻間因比較而產生的沮喪或奚落等，也會逐漸消失。

若本書能協助各位克服家庭因整理而產生的相關爭執，以及因不懂收納所導致的困擾，我會非常開心。

這次接續上一本著作《專注力UP！5分鐘居家辦公整理術》，從企劃階段就受到PHP研究所的大隅元主編的細心指導，實在深感榮幸。多虧大隅主編的協助，我才能完成這本令我非常滿意的作品。

此外，也很感謝為本書撰寫推薦文的剛士、協助執筆的FASHION PARTNER公司的小野田史、大石由紀，以及從上一份工作開始不斷給予多方關照的Sumally Inc.山本憲資、清水萬稚，最後，由衷感謝為出書活動加油打氣的公司主管與同仁、還有重要的家人，在此深深致上謝意。

本書製作過程獲得下列人士協助：久保人司、橘忠志、甲斐邦彥、石原英理子，各位的資訊都非常具參考價值，在這裡也由衷致上謝意。

希望大家都能順利收納！期望某天再與各位見面！

活用心理學的三十二個整理技巧

為什麼一下子就亂了！

1. 計算待在家中的時間，以數據展現事實。（第三十三頁）
2. 和家人一起確認，目前的住宅滿足哪些馬斯洛需求層次理論。（第三十八頁）
3. 將占空間的雜物先收起來。（第四十六頁）
4. 掌握對方的整理能力後，再分配工作。（第五十三頁）
5. 劃分出私人與共用，以掌握家中的儲物狀態。（第六十二頁）
6. 協助愛囤貨的家人認識存貨周轉天數，試著說服對方只保持一定的庫存量。（第六十九頁）

快想辦法處理這麼大量的衣服！

7. 打造一個動作就能完成的流程。（第八十頁）
8. 依照空間大小計算出可容納的件數後，再進一步決定擺放位置。（第八十四頁）
9. 衣物數量太多時，以一年四次的頻率換季吧！（第九十二頁）
10. 為另一半創造客觀審視手邊衣物的機會。（第九十八頁）

請你現在馬上整理！

11. 不要直接向另一半宣洩壞情緒。（第一一五頁）
12. 不要只是嘴上批評家裡亂七八糟，而是協助對方客觀認知實際狀況後，提出改善方案。（第一一九頁）
13. 趁著人生階段改變前做好減量，以減輕日後收納的負擔。（第一二九頁）
14. 不要試圖一口氣打理完，而是按照類別一一整頓。（第一三七頁）

15. 不能因略施薄懲而滿足，還要一起思考改善方法。（第一四七頁）

我想在清爽的客廳工作！

16. 一起找出避免對到眼，讓雙方工作都順利的位置。（第一五九頁）
17. 開視訊會議或打電話時，前往沒人的獨立空間。（第一六四頁）
18. 抱怨之前，先試著減量以擠出空間。（第一六七頁）
19. 與其找犯人，不如先物歸原位。（第一七五頁）
20. 加買前，先檢視文具用品區的庫存。（第一七九頁）
21. 要想「可以製成電子檔嗎？」而不是「可以丟掉嗎？」（第一八五頁）
22. 善用直立式收納盒、斜口檔案盒管理文書類物品。（第一九三頁）
23. 家人間資訊共享，須使用易懂的資料夾名稱。（第二〇〇頁）

又因雜物吵架，我實在忍不下去了……

24. 不要對眼前的雜亂無章感到心煩。（第二一六頁）
25. 不要想該怎麼丟，而是一起思考該怎麼留。（第二二一頁）
26. 逐一檢視每一個品項，並探索其背後意義。（第二二七頁）
27. 對個人空間的珍惜，會成為放棄執著的動力。（第二三五頁）
28. 體諒捨不得丟東西的心情，仔細傾聽對方的想法。（第二四一頁）

希望讓孩子養成收納習慣

29. 和孩子一起邊貼標籤貼紙邊整理。（第二五二頁）
30. 雙親自己要先學會享受整理。（第二五八頁）
31. 按照說服的三大原則向孩子搭話。（第二六五頁）
32. 回憶的價值因人而異，沒有對錯之分。（第二七四頁）

參考文獻

1. Sumally Inc.「夫妻間雜物爭執意識調查」（二〇一六年）。
2. 「日本人事部」HP百科全書。
3. NHK放送文化研究所「二〇一五年國民生活時間調查報告書」。
4. STUDY HACKER。
5. 國土交通省的「居家生活基本計畫」（二〇二一年）。
6. 東京大學研究所新領域創成科學研究系「居住空間的散亂程度與壓力的關係相關研究」千島大樹／二瓶美里／鐮田實（二〇一八年）。
7. 目白大學研究所心理學研究系、目白大學人類學系「雙親對大學生整理行為的影響—從整理要求與整理態度進行檢討—」元井沙織／小野寺敦子（二〇一八年）。

8. 日本研究公司NOS自主調查「居家打掃相關調查」（二〇一三年）、國際醫療福祉大學學會誌第二十卷二號「大學生獨居的室內環境實態」高石雅樹／渡邊拓哉／淺野哲（二〇一五年）。
9. ALSOK「何謂破窗理論？打掃城市後犯罪率下降的理由」。
10. UL-LOGI「何謂存貨周轉率與存貨周轉天數？簡單計算方法介紹」。
11. 東京備蓄Navi「為東京大災害做準備備品與居家避難選擇」（二〇二一年）。
12. 日本總務省統計局「住宅及家庭相關基本統計」（二〇一八年）。
13. Sumally Inc.「整理相關調查」（二〇一九年）、MACROMILL調查公司。
14. 戴芙拉·札克著作《專一力原則》，栗木SATSUKI譯，鑽石社（二〇一七年）。
15. 《女性SEVEN》我們「捨不得丟的物品」排行榜。
16. Mercari「衣物換季實態調查」（二〇一九年）。

17. ICBI公司「服裝選購調查」（二〇二〇年）。
18. 《Oggi》票選職業婦女，「月消費金額調查」（二〇二〇年）。
19. Sumally Inc.「整理相關調查」（二〇一九年）、ASMARQ調查公司。
20. 日本國立社會保障暨人口問題研究所「第六次全國家庭動向調查」（二〇一九年）。
21. Harvard University Graduate School of Design。
22. 莉茲・戴文波特著作《給不知不覺桌子就雜亂不堪的你》，平石律子譯，草思社（二〇〇二年）。
23. 理查・塞勒、凱斯・桑斯坦（Cass Sunstein）著作《實踐行動經濟學》（Nude），遠藤真美譯，日經BP，（二〇〇九年）。
24. 全國農業共同組合中央會（JA全中），「平日晚餐料理調查」。
25. 醫療法人橫濱診所橫濱內科「恢復夏季疲勞的『體內重生法』」、三木貴弘「洗碗可消除壓力？正念冥想的效果」。「Business Insider Japan」、Áine Cain「十一名成功人士在睡前執行的驚人卻普通的例行公事」。
26. 約翰・高特曼、南・絲弗（Nan Silver）著作《讓婚姻生活成功的七個原則》，松浦秀明譯（第三文明社）。
27. 奧多比股份有限公司「全球未來工作方法的調查」（二〇二一年）。
28. 日本建材、住宅設備庫存協會《二〇一五／一六年版建材、住宅設備統計要覽》。
29. 東一秀繁「著眼於個人空間的空間設計方法論」（二〇〇六年）。
30. 田村賢司著作《日本電產永守重信不斷告訴員工的工作致勝法》，日經BP，（二〇一七年）。
31. 後藤悠帆「佛洛伊德精神分析（第一地形學）中的「無意識」概念探討——為探討利科的佛洛伊德解釋主體所做的預備考察」（二〇一六年）。
32. 朝日新聞 GLOVE＋「挑戰『人類無法交一百五十個以上的朋友』這個學說的研究爭論開始了」（二〇二一年六月二十三日）。

33. mynavi 新聞「什麼是韋伯倫效應？【如今已經聽不到的行銷用語】」。

34. Sumally Inc.「整理相關調查」（二〇一九年）。

35. 二〇二二年新教育課程學習指導要領重點解說（二〇一八年）。

36. 東京學藝大學紀要「幼兒是如何接受生活習慣」（二〇一二年）。

37. 派翠克・哈蘭（Patrick Harlan）著作《派君的「表達方式・說話方式」教科書，世界共通的育兒術》大和書房，（二〇一七年）。

38. 教授學習心理學研究「為有過動傾向的小學生打造可改善問題行為與協助算數學習的學習環境」，宇野忍、福山晶子。

國家圖書館出版品預行編目（CIP）資料

我這麼生氣，全是因爲他把家弄亂：活用心理學的32個簡易收納技巧，讓不整理、不會整理的另一半和小孩，自己動手。/ 米田瑪麗娜（Marina Komeda）著；黃筱涵譯. -- 初版. -- 臺北市：大是文化有限公司，2024.1
304 面；14.8×21 公分. --（Think；273）
譯自：あの人にイライラするのは、部屋のせい。
ISBN 978-626-7377-30-7（平裝）

1. CST：家庭佈置　2. CST：生活指導

422.5　　112017671

Think 273

我這麼生氣，全是因為他把家弄亂

活用心理學的 32 個簡易收納技巧，
讓不整理、不會整理的另一半和小孩，自己動手。

作　　者／米田瑪麗娜（Marina Komeda）
譯　　者／黃筱涵
責任編輯／許珮怡
校對編輯／陳竑悳
美術編輯／林彥君
資深編輯／蕭麗娟
副總編輯／顏惠君
總 編 輯／吳依瑋
發 行 人／徐仲秋
會計助理／李秀娟
會　　計／許鳳雪
版權主任／劉宗德
版權經理／郝麗珍
行銷企劃／徐千晴
業務專員／馬絮盈、留婉茹、邱宜婷
業務經理／林裕安
總 經 理／陳絜吾

出 版 者／大是文化有限公司
臺北市 100 衡陽路7號8樓
編輯部電話：（02）23757911
購書相關資訊請洽：（02）23757911 分機122
24小時讀者服務傳真：（02）23756999
讀者服務E-mail：dscsms28@gmail.com
郵政劃撥帳號：19983366　戶名：大是文化有限公司
法律顧問／永然聯合法律事務所
香港發行／豐達出版發行有限公司“Rich Publishing & Distribut Ltd”
地址：香港柴灣永泰道70號柴灣工業城第2期1805室
Unit 1805, Ph. 2, Chai Wan Ind City, 70 Wing Tai Rd, Chai Wan, Hong Kong
電話：21726513　傳真：21724355
E-mail：cary@subseasy.com.hk

封面設計／禾子島
內頁排版／楊思思
印　　刷／鴻霖印刷傳媒股份有限公司

出版日期／2024 年 1 月 初版
定　　價／390元
I S B N／978-626-7377-30-7
電子書ISBN／9786267377277（PDF）
9786267377260（EPUB）

Printed in Taiwan
ANOHITO NI IRAIRA SURU NO WA, HEYA NO SEI

Interior illustrations by Chiharu NIKAIDO
First original Japanese edition published by PHP Institute, Inc., Japan.
Traditional Chinese translation rights arranged with PHP Institute, Inc.
through Bardon-Chinese Media Agency